EXPLORER ACADEMY

探险家学院 ⑦

禁 岛

[美]特鲁迪·特鲁伊特 著

王 静 李俊蕊 译

U0208898

UNDER THE *Stars*

NATIONAL GEOGRAPHIC

青岛出版集团 | 青岛出版社

本作品中文简体版由国家地理合股企业授权青岛出版社出版发行。未经许可，不得翻印。
NATIONAL GEOGRAPHIC和黄色边框设计是美国国家地理学会的商标，未经许可，不得使用。
自1888年起，美国国家地理学会在全球范围内资助超过13,000项科学研究、环境保护与探索计划。本书所获收益的一部分将用于支持学会的重要工作。

山东省版权局著作权合同登记号 图字：15-2022-106号

图书在版编目（CIP）数据

禁岛 /（美）特鲁迪·特鲁伊特著；王静，李俊蕊译.
— 青岛：青岛出版社，2023.2
ISBN 978-7-5736-0672-3

Ⅰ.①禁⋯ Ⅱ.①特⋯ ②王⋯ ③李⋯ Ⅲ.①探险—世界—儿童读物 Ⅳ.①N81-49

中国版本图书馆CIP数据核字（2022）第254393号

JIN DAO

书　　名	禁岛	邮购电话	0532-68068719
丛 书 名	探险家学院	制　　版	青岛艺非凡文化传播有限公司
作　　者	[美]特鲁迪·特鲁伊特	印　　刷	青岛海蓝印刷有限责任公司
译　　者	王 静 李俊蕊	出版日期	2023年2月第1版
出版发行	青岛出版社		2023年4月第2次印刷
社　　址	青岛市崂山区海尔路182号（266061）	开　　本	16开（787mm×1092mm）
总 策 划	连建军	印　　张	20.5
责任编辑	吕 洁 邓 荃 窦 畅	字　　数	200千
文字编辑	江 冲 王 琰	图　　数	50幅
美术编辑	孙恩加	书　　号	ISBN 978-7-5736-0672-3
邮购地址	青岛市崂山区海尔路182号出版大厦	定　　价	75.00元
	少儿期刊分社邮购部（266061）		

版权所有 侵权必究

编校印装质量、盗版监督服务电话：4006532017　0532-68068050
印刷厂服务电话：0532-88786655
本书建议陈列类别：少儿文学

永远不要怀疑少数热心的民众能够改变世界。

——玛格丽特·米德（1901—1978）

人类学家

北纬21.8921度 ｜ 西经160.1575度

目录

"危险"游戏　　　　　　　　　1

伪造石片　　　　　　　　　　15

说服美洲虎　　　　　　　　　28

"冰山"任务　　　　　　　　　32

方雄的新助理　　　　　　　　46

重大发现　　　　　　　　　　59

普雷斯科特的要求　　　　　　73

美洲虎的信息　　　　　　　　84

线索　　　　　　　　　　　　97

找到第七枚石片　　　　　　　109

自毁程序　　　　　　　　　　119

最后的任务　　　　　　　　　132

新的飞行计划　　　　　　　　146

找到第八枚石片　　　　　　　149

最后的线索　　　　　　　　　164

更换队友　　　　　　　　　　177

新的恐龙　　　　　　　　　　189

真正的美洲虎　　　　　　　　203

普雷斯科特的离开　　　　　　217

回家　　　　　　　　　　　　225

寻找法洛菲尔德博士　　　　　238

庐山真面目　　　　　　　　　255

另一个身影　　　　　　　　　269

救布吕梅一命　　　　　　　　280

团聚　　　　　　　　　　　　291

再见，布兰迪丝　　　　　　　297

最美的风景　　　　　　　　　313

虚构故事背后的真实科学　　　318

致谢　　　　　　　　　　　　322

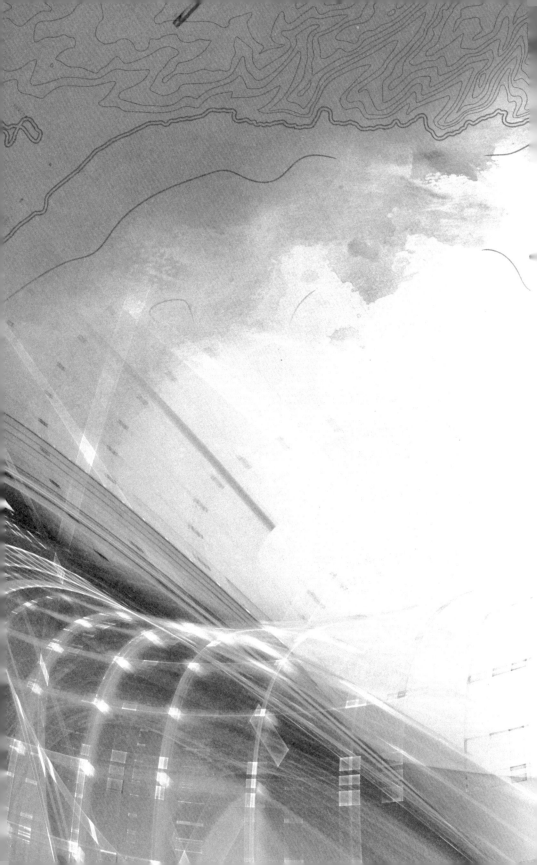

"危险"游戏

"**这次**我们答对了!"布兰迪丝小声说道。她使劲儿握住克鲁兹的手,把他的手指尖都捏白了。"我们就要打败麦哲伦队了!"

事情看起来的确很有希望。阿里、赞恩、叶卡捷琳娜、马泰奥、尤利娅和孙涛挤成一团,一起摇了摇头,叹了口气。快一个小时了,四支探险家队伍在"猎户座号"的"洞穴"里争得不可开交。克鲁兹疲惫不堪。他能看出自己的队友也是如此。兰妮满脸通红,赛勒的一大绺头发从马尾辫中"掉"出来,亚米的心情眼镜就像大热天留在汽车里的两个巧克力甜甜圈,而杜根则像面对点球的守门员一样精神紧张。但这并不是一场足球比赛,而是一场令人心跳加速的"地理小蜜蜂"知识竞赛。

每支队伍都有三十秒的时间来回答莫迪教授提出的一个问题,如果答对了,他们的老师就会提问下一支队伍;

如果答错了，该队就被记一次失利。被记三次失利，该队会被淘汰出局。

最先被淘汰出局的是伽利略队。几轮之后，艾尔哈特队也被淘汰，剩下库斯托队和麦哲伦队继续对决。两支队伍在这个虚拟现实体验中心进行了几个回合的交锋，回答了有关城市、国家、水体、沙漠、山脉、公园和历史遗迹的问题。克鲁兹已经记不清这是第几个回合了。现在两支队伍各有两次失利。这一回合，克鲁兹所在的库斯托队已经答对了问题，如果接下来麦哲伦队答错，库斯托队将成为"地理小蜜蜂"知识竞赛的冠军。

为了得到奖励，受点儿"折磨"是值得的。获胜的队伍将在下一个任务中获得优先选择权，队伍中的每位队员也将获得 100 个积分，而且每个人的便携式物品及数据分析器（PANDA）都能得到升级——能够进行"高清、超敏、侵入"分析。克鲁兹不清楚这到底意味着什么，但听起来不错。

此刻，克鲁兹正站在这片由全息显示技术打造的白杨林里。他站在这里，满怀希望地深吸了一口气。他当然想得到这些奖励，而且他也需要在某方面赢一次！想到这里，克鲁兹陷入了沉思。自从几周前他发现第七枚石片是假的之后，就一直很沮丧。

"这枚石片边缘内侧倾斜的角度跟其他石片的不一样。"亚米通过他那有放大功能的心情眼镜，将这枚黑色的大理石片仔细研究后说道，"你必须离得特别近才能看出来，你妈妈说得没错，这不是她的。这个东西一定是被调包了。"

"被调包了？怎么可能呢？"赛勒转向克鲁兹，说道，"我以为只要你把它戴在脖子上，它就能受到你的生物力场盾的保护。"

"是的，但我不会一直戴着它。"克鲁兹提醒她，"你知道的，我得洗澡。还有我们戴水肺潜水时，我也得把它取下来。"

"美洲虎！"赛勒说道，"是那个探险家卧底拿走了第七枚石片。"

"也许吧。"亚米谨慎地说道。

"'也许吧'是什么意思？范德维克博士是斑马，但她现在已经不是一个威胁了，"赛勒争辩道，"一定是美洲虎。"

亚米摇了摇头，说："不一定。有可能在我们找到龙血石之前它就被调包了。"

"为什么不把它和克鲁兹拿到第七枚石片后拍的第一张照片做一下比较？"兰妮建议道，"至少这能帮助我们分析它是何时被调包的。克鲁兹，你能让你爸爸把那张照片传过来吗？"

克鲁兹每次找到一枚新的石片，都会立刻拍下几张照片，然后把照片发给爸爸。随后，他就会把这些照片从平板电脑上删除。这样一来，这些照片就不会被其他人看到了。"哎呀！"克鲁兹打开平板电脑上的文件夹后喊了出来，"我没有彻底删除这些照片。我们离开博物馆后……在车上……我给布兰迪丝打电话告诉她最新进展，我……我想我一定是忘记了……"

"我们知道，你有点儿心不在焉。"赛勒打趣道。

她对此轻描淡写，但大家都知道这是一个巨大的错误。因为这相当于克鲁兹在他的平板电脑上留了个突破口，方便他人盗取照片，再制造一枚假的石片把真的换走。不过兰妮说得也有道理，如果照片上石片的边缘和克鲁兹现在戴着的石片的边缘一样，就说明在他们进入博物馆前，这枚石片就被调包了。克鲁兹把照片发给亚米，亚米研究了好长时间。终于，他抬起头，灰色的珠子在心情眼镜上跳跃。"它们不是同一枚石片。"

基于现状，这对克鲁兹来说是最好的结果。如果是美洲虎拿走了真的石片，那它就有可能还在"猎户座号"上。克鲁兹派出他的蜜蜂无人机魅儿，在全船范围内搜寻这枚石片。当然，船上有些地方是魅儿进不去的，如关着的抽屉、拉上拉链的背包……还有一些地方魅儿不敢去，如船上的厨房。如果克里斯托斯主厨在他的厨房里发现昆虫模样的东西，无论是机器人还是其他什么，他估计都会抓狂。不过，虽然船上的大部分地方魅儿都可以察看，但它一无所获。是魅儿去得太晚了吗？第七枚石片已经在涅布拉手里了吗？克鲁兹希望千万不要是这样。

与此同时，"猎户座号"向东航行，克鲁兹则继续研究妈妈的日记。他耐心地跟全息影像中的妈妈说明情况，恳求得到她的帮助。但无论克鲁兹说什么、怎么说，影像中妈妈的回答都一样。哪怕克鲁兹面有愠色地命令她解锁新的线索，她也只是非常平静地拒绝。这使得克鲁兹只剩一个选择。今晚睡觉前，他就会知道最后这个办法是否奏效。

"还有十五秒！"莫迪教授的声音把克鲁兹的思绪拉了回来。

克鲁兹抬头看向这片白杨林，秋叶在蔚蓝的天空下飞舞。这里景色迷人，但他却不知道这是在哪里。

"麦哲伦队答不出来。"兰妮悄声对克鲁兹说，"我也是在读关于树木之间如何交流的文章时偶然知道的。"

她在开玩笑，对吧？

兰妮看他露出难以置信的表情，便解释说："树木之间能够通过菌丝体相互交流。从蘑菇上生长出来的许多真菌丝组成了菌丝体，菌丝体寄生到树的根部后，树木之间就可以通过菌丝体进行联系了。"

她没有开玩笑。

但克鲁兹仍然半信半疑地问："你是说树木之间可以'对话'？"

"不仅如此，"兰妮的眼睛亮了起来，"它们还会互相照顾。老树可以通过一种系统向小树苗输送水分和养分，

5

帮助它们生长。我们可以称这个系统为'菌根网络'，有的科学家还称其为'木联网'。这听起来很酷，对吧？石川教授告诉我，明年的生物课上，我们就会学到这些内容，我都迫不及待了。"

"时间到了！"莫迪教授说，"赞恩，告诉我，你们麦哲伦队的答案是什么。"

"犹……呃……"赞恩费劲儿地咽了一口唾沫，说道，"我们的答案是……美国犹他州。"

莫迪教授举起手中的平板电脑，说："潘多林是一片颤杨树林，拥有四万多棵树，这些树共享一个根系……"

克鲁兹用胳膊肘捅了一下兰妮，说："嘿，我敢说它们聊天聊得很愉快。"

兰妮翻了个白眼。

教授还在讲："……潘多林是我们这个星球上最古老、最庞大的生命体之一。潘多林位于美国犹他州的鱼湖国家森林公园。"

麦哲伦队的队员们欢呼雀跃，库斯托队的队员们非常失望。

"哎呀！"赛勒做了个捂脸的动作，说，"这啥时候能结束？"

"快了。"莫迪教授说，"还有五分钟下课，时间刚好够进行最后的决胜局，选出获胜方。"

"洞穴"里响起热烈的掌声，艾尔哈特队和伽利略队的掌声最响亮。这两支队伍自从被淘汰出局后，就不得不在一旁观看库斯托队和麦哲伦队的对决。

"这道题要问的是地图上的一个地点，"莫迪教授说，"我将给出一些线索，第一个按下蜂鸣器上的按钮并说出正确答案的团队，将是今年'地理小蜜蜂'知识竞赛的冠军。"

一个红色的蜂鸣器出现在杜根的面前。

"各位同学，如果你们中有人想给出答案，最好先和队友们商议一下，"莫迪教授说，"我只接受队伍里的第一个回答。"

克鲁兹感到额前吹过一阵清凉的微风，风中夹杂着新鲜的青草香。一片绿地从他的脚下向教授身后的那面墙蔓延过去，直达布满岩石的海岸线，远处是一片蔚蓝的大海。克鲁兹看到左边是陡峭的悬崖，呈锯齿状；右边是一条土路，土路经过连绵起伏的山坡。傍晚的天空上，一片片连成火车样子的棉花般的云朵懒洋洋地飘动着，地上的影子连成了一条小路。克鲁兹活动了一下脖子，他们身后的那面墙依然是空白的。克鲁兹心想：这有点儿意思。

"第一条线索，"莫迪教授说，"你们在一个热带岛屿上，该岛面积约180平方千米，略呈三角形，三个角上各有一座死火山。"

库斯托队的队员们围成一个圈。他们提出了几种可能性，如牙买加和瓦努阿图，但都不确定。

"与其乱猜，不如先等一等。"兰妮建议道。

麦哲伦队也没有按下他们的蜂鸣器。克鲁兹看到身后的那面墙上依然什么也没有。真奇怪，那里不也应该是风景的一部分吗？

亚米也注意到了那面墙。"一定是出故障了。"他嘀咕道。

"第二条线索，"莫迪教授继续说，"波利尼西亚原住民把这座岛称为'拉帕努伊岛'，但我们是通过另外一个名字认识它的，这要归功于一位荷兰探险家，他在1722年的某一天登上了这座岛。"

"波利尼西亚！"赛勒冲兰妮和克鲁兹咧嘴一笑，说，"我们在太平洋。"

"会是卡胡拉韦岛或尼豪岛吗？"克鲁兹说出夏威夷群岛中的两座岛屿的名字。

兰妮咬了咬嘴唇，说："卡胡拉韦岛是有点儿像三角形，但是……"

"地貌不对。"克鲁兹意识到了他的错误，"我觉得那里没有这样的景色。"

"尼豪岛好像不是三角形的，"兰妮指出，"那儿的地形可能跟考爱岛的地形相似，不过我也不确定。我曾围绕着那座岛航行，但从未上去过。你呢？"

克鲁兹摇了摇头。尼豪岛是一座私人岛屿，你需要获得准许后才能登岛。

莫迪教授清了清嗓子。两支队伍都没有给出答案，他准备提供下一条线索。"第三条线索，该岛因摩艾石像而闻名。"

摩艾石像，这个词克鲁兹听起来很熟悉，他正要问兰妮它是不是夏威夷语里面的一个词时，兰妮脱口而出："巨石人像！你知道，那些石像在……"

"复活节岛！"赛勒尖声说道。

就是那里！

"每个人都同意吗？"杜根问。当队伍里所有人的手都举起来时，他用力按下红色的按钮。

嗡！

刺耳的声音响彻"洞穴"。克鲁兹看到赞恩也把手放在了麦哲伦队面前的按钮上。不好！两支队伍同时按下了按钮。

昆托叹了一口气，说："又是平局。"

"库斯托队先按下的。"韦瑟利说。

"不是，是麦哲伦队。"费米反驳道。

其他的探险家都试探性地说出自己的看法，"洞穴"里充满了各种声音。

"大家少安毋躁！"莫迪教授正在他的平板电脑上打字，"我看一下回放。"

兰妮看了克鲁兹一眼，说："还有回放？"

"一切都能被看见。"莫迪教授笑着说。

"在你们等待的时候，"他们的老师说，"说一件你们可能感兴趣的事。过去的十二年，赢得'地理小蜜蜂'知识竞赛冠军的队伍里，通常会有一名队员获得北极星奖。"

克鲁兹用胳膊肘轻轻推了一下他的室友，说："得奖者可能是你。"

"不会……"亚米害羞地说，不过他无法掩饰心情眼镜上不断跳动的黄粉色的琴弦，琴弦就像风筝线在风中轻快摇摆。

"找到了！" 莫迪教授大喊道，"第一个按下按钮的队伍是……"

"洞穴"里鸦雀无声。克鲁兹感觉到自己的心脏正随着大脑中不断跃出的那个词一起有节奏地跳动着：库斯托队、库斯托队、库斯托队。

　　"麦哲伦队。"

　　克鲁兹哭丧着脸。他们输了。

　　"麦哲伦队，告诉我你们的答案。"莫迪教授说。克鲁兹认为麦哲伦队将要获得所有了不起的奖品和吹嘘的权利，阿里和马泰奥这两个男孩肯定要大肆炫耀了，就用脚踢了踢草地。

　　"圣诞岛。"赞恩说。

克鲁兹的头猛地抬了起来。他与兰妮对视了一眼，兰妮的下巴都要惊掉了，他也一样。

"回答错误。"他们的老师转移了视线，说，"库斯托队，现在你们可以……"

杜根立刻抓住机会，说："复活节岛。"

"回答正确。"莫迪教授笑了，"库斯托队，祝贺你们！"

克鲁兹与兰妮、赛勒、亚米、杜根欢呼击掌。当他走到布兰迪丝面前时，握住了她的手。他们做到了。他们赢了！

莫迪教授指向队员们身后的那面墙。现在它不再是空白的了！探险家们所站的山坡一直向上延伸到一座"U"形火山，这座火山的火山锥早已被炸开。一个巨大的人头石像出现在离克鲁兹只有几米远的地方。这个粗糙的木炭色石像有两层楼那么高。往右边一点，另一个巨型人头石像竖立在草坡上，随后一个接着一个，这片草地上一共散落着十多个摩艾石像。每个石像都有相似的特征：前额凸出，眼窝深邃，鼻梁高挺，表情坚毅。

"你们现在站在拉诺拉拉库火山的山脚下，"莫迪教授解释说，"拉帕努伊岛上的居民主要从这里开采用于雕刻摩艾石像的岩石。岛上有六百多个巨石雕像，大部分石像的高度为3~6米，重量相当于一辆校车的重量。"

有几位探险家举起了手。

"问题恐怕要留到明天了，"他们的老师说，"我们已经超时了。库斯托队，再次祝贺你们。"

"洞穴"里的灯光暗了下来。克鲁兹感觉有冰凉的东西打在了他的头上。刚才厚厚的白色积云变成了黑色砧状积雨云，云朵在空中翻腾滚动，像是锅里煮着的菜。一道"Z"字形的光闪过。

砰！

开始下冰雹了。探险家们护着头，朝出口跑去。冰雹打在克鲁兹的头上、胳膊上。他感到身上一阵阵刺痛。

韦瑟利对着门上的扫描设备挥了挥自己的OS手环，说："门打不开！"

其他人也都试了试，但推拉门仍一动不动。冰雹越下越急，越下越猛。

"哎哟！"一块硕大的冰雹砸到兰妮的肩膀上，她喊了出来。

"快躲起来！"莫迪教授喊道，然后指向火山侧面突出来的一块长长的岩石。"我会试着从主控制屏上停止这一程序。"莫迪教授一边说，一边跑向位于"洞穴"另一侧的控制台，而探险家们则爬到岩石下的安全地带。克鲁兹走在最后，离教授最近。冰雹下得很密集，形成了一个"珠帘"，挡住了克鲁兹的视线，克鲁兹几乎看不见莫迪教授。莫迪教授在屏幕上疯狂地敲打着，但天气却越来越糟。

克鲁兹按下通信别针，说："克鲁兹·科罗纳多呼叫

13

方雄·奎尔斯。"

"我在。"对方回答，"嘿，你不是应该在上课吗？"

"我是在上课！"克鲁兹哭喊道，"我们在'洞穴'，我们需要……"

"你们在玩什么游戏吗？那听起来像是你正把弹珠扔到铁皮屋顶上发出的声音。"

"不是游戏……我们有麻烦了……这里下起了冰雹，冰雹有网球那么大。方雄，我们需要……"克鲁兹张大了嘴巴。

一个更大的白色物体朝着他飞过来。

"克鲁兹？"方雄喊道，"克鲁兹？"

伪造石片

克鲁兹看到一缕金色的头发，接着是一条胳膊，没等他眨眼，一个西瓜般大小的"冰弹"就砸向了地面，然后破裂成无数水晶似的碎片。布兰迪丝站在克鲁兹前面。她双拳紧握，目光如炬。"你还好吗？"

克鲁兹挣扎着点了点头，说："嗯……"

"干得漂亮，布兰迪丝。"杜根惊叹道。

"小心！"赛勒提醒他们。

布兰迪丝躲开另一个香瓜般大小的冰雹，然后把克鲁兹推回到岩石下，和其他人待在一起。

"这太疯狂了，"克鲁兹说，他的心狂跳不止，"不过，谢谢。"

"我知道。"布兰迪丝拨开脸上的头发，说，"不客气。"

"克鲁兹，你还在吗？"通信别针里传来方雄的声音，"到底发生了什么事？"

"我们被困在'洞穴'里了！"克鲁兹大喊道，声音盖过了冰块砸到地面发出的咚咚声，"门打不开，而且这里下着巨大的冰雹。"

"去控制台……"

"莫迪教授正在尝试解决，但没有用！"

"坚持住，"技术实验室主任说，"我看看我在这里能做些什么。"

克鲁兹看了一眼岩石下的探险家们：昆托的手指上有血；赞恩在揉胳膊肘；费米倚靠在赛勒身上，同时把脚抬了起来。

亚米拽了拽克鲁兹的衣袖，说："感觉有些不对劲儿。"

克鲁兹看着他，说："你的意思是……"

亚米看向莫迪教授。"紧急制动系统应该启动了，而这个……"他指了指砸向他们的超大冰雹，说，"并非偶然发生的。"

"所以……"

"涅布拉。"亚米做了个口形，没有出声。

"但是为什么呢？我们都在这儿，包括那个卧底。"

"没错，这就是'一石二鸟'。"

克鲁兹明白了亚米的意思。克鲁兹是其中一只"鸟"，而美洲虎则是另一只"鸟"。如果涅布拉已经拿到第七枚石片，他们可能觉得不再需要那位探险家卧底了，那么只有一个办法能确保卧底永远不会泄露任何秘密。

克鲁兹打了个寒战。他本以为范德维克博士，也就是代号为"斑马"的涅布拉卧底现在已经不在了，船上会相对安全些。他早该想到的。

积雨云开始下沉，变成一大片灰色的薄雾。冰雹渐渐停止了，取而代之的是带花边的白色"簇绒"开始从空中飘落。

"下雪了！"韦瑟利惊叫道。

"不管怎么说，下雪总比下冰雹强。"杜根说。

"或许方雄也是这么想的。"克鲁兹猜测。

探险家们小心翼翼地从岩石下走了出来。昆托给克鲁兹看了看他手的侧面约 7 厘米长的划痕，赞恩和费米看起来伤得不严重。莫迪教授仍然站在控制台旁，不过看起来神色轻松多了，对着通信器材说话的语速也没有那么快了。

"奇怪，"亚米跪在地上，用手指摸了摸雪，说，"没有冰凉的感觉。"

所有人慢慢地沿着缓坡走到出口处，但门依然关着。

杜根仰起头，试图用舌头接住雪花，大部分探险家也在这么做。那些摩艾石像现在好像戴着冷冰冰的白色发套，一些探险家正在和它们拍照留念。一场特大冰雹过后，这里恢复了宁静，克鲁兹感到很开心。

布兰迪丝站在他身旁，说："方雄真聪明，把冰雹变成了雪花。"

"这不是雪花。"杜根说。

"不是雪花？那是什么？"

杜根正试图接住一片大雪花，没工夫回答。他给了布兰迪丝一个"无所谓"的表情。克鲁兹也仰起了头，张开嘴巴对准朝着他飘落的最大的一片雪花。他感觉舌头上落上了软软的东西。亚米说得没错，没有冰凉的感觉，而是……甜的？

"棉花糖！"赛勒笑着说。

二十四名探险家都想在变天之前尽可能多抓一些"棉花糖雪花"。"洞穴"里安静了下来。

当晚八点整，202号船舱传来一阵急促的敲门声，使克鲁兹从恍惚中清醒过来。他已经盯着这台3D打印机看了半个小时了。他在等待、在盼望。

克鲁兹强迫自己从机器旁离开，起身去开门。

赛勒走了进来，说："烤好了吗？"

守在电脑旁的亚米哼了一声，说："我们不是在做派。"

"你知道我的意思。"

克鲁兹关上舱门，和赛勒一同回到 3D 打印机旁。"她说得没错，要合成石头，需要热量。"

"还有挤压。"赛勒弯下腰，透过明信片大小的观察口看了看，说，"那么，'第七枚石片'什么时候能完成压烤？"

"快了。"亚米回答。

"从我们吃完晚饭回来，你就一直这么说。"克鲁兹抱怨道。

赛勒叹了口气。

"我们用十几个小时就能完成大自然花了几百万年才完成的事情，我认为这已经很不错了。"亚米说。

"我想我只是有点儿焦虑。"赛勒说。

克鲁兹也一样。由于他没有拿到真正的第七枚石片，只能仿造，更确切地说是伪造一枚石片来推进破解日记的进度。这是他能想到的唯一办法了。这个方法他们已经"用过"一次了。当时涅布拉绑架了克鲁兹的爸爸，他们三个就精心制造了一枚假石片，想要用它赎回克鲁兹的爸爸，但后来克鲁兹觉得太冒险了，并没有把假石片交给涅布拉。

过去的两周时间里，克鲁兹、亚米、兰妮和赛勒四个人一有空就在一起研究这项计划：首先把数据输入亚米设计的程序里进行计算，然后集齐矿物质和其他所需要的东西，并准备一台 3D 打印机，用于制造第七枚石片的复制品。这天早上七点二十八分，克鲁兹按下 3D 打印机触摸屏上的"开始"图标，开始制作这枚石片。应该很快……就要完成了。

克鲁兹和赛勒一起透过打印机的观察口往里看。不过打印机的打印头在石头周围不停地移动着，挡住了他们的视线，使他们看不到太多东西。赛勒开始哼小曲，手指在机器的一侧轻轻打着节拍。克鲁兹也模仿着她打起了节拍。他们俩轮流拍打，以此打发时间。

"你们俩要知道，盯着打印机看不会让它做得更快。"亚米说。他仍在全神贯注地工作。

"我们没有在看，"赛勒朝克鲁兹咧嘴一笑，说，"我们在演奏。"

敲门声打断了他们的"演奏会"。

"是兰妮。"克鲁兹一边说着，一边走过去开门。

不是兰妮，是玛莉索姑姑。玛莉索姑姑一阵风似的从他身边走过，问道："完成了吗？"

"马上。"赛勒说。

姑姑的脸色一沉，沮丧地拽了拽围脖。围脖上印有粉色和黄色相间的花纹，并松散地搭在毛衣上。这是克鲁兹的爸爸送给她的礼物，他比玛莉索姑姑还要喜欢大胆的配色和随意的印花。克鲁兹只盯着那些明亮的几何图形和线条几秒钟，就开始犯晕。

赛勒很喜欢那条围脖。"水喔！"

"谢谢，"玛莉索姑姑说，"听说你们在'洞穴'遇到了冰雹。大家都没事儿吧？"

"是的，"赛勒拿起她的平板电脑，说，"想看最惊险的部分吗？"

"当然。"

克鲁兹警告性地看了赛勒一眼，但她正忙着找视频，根本没有注意。

"天哪！"克鲁兹的姑姑看着视频回放喊道，"我听说情况很糟糕，但是……"

赛勒笑着说："精彩的部分来了。看，超大块的冰雹砸向克……"

"谢谢你，赛勒！"克鲁兹连忙用一只手挡住她的屏幕。

这一次，赛勒明白了克鲁兹的意思。"呃……科罗纳多教授，这不是什么大事儿。"

正当克鲁兹准备用通信别针呼叫兰妮时，她出现了。"我本来可以早点儿来，但我想把门锁修好，所以耽误了一点儿时间。"她解释说。

"是吗？"赛勒咬了咬下唇，说道，"我刚路过你的房间找你，但你不在那儿。"

"问题出在我的 OS 手环上，"兰妮举起手腕，说，"这是一个新的。方雄没办法马上修理我的手环，不过她的技术实验室里有备用的。我希望她能赶快找到一个新助手。"

"最好不是涅布拉的卧底。"玛莉索姑姑说。

克鲁兹知道她还在为范德维克博士的事情耿耿于怀。毕竟，技术实验室主任的助理差点儿毁了整艘船！姑姑认为海托华博士应该早点儿发现希瑞尔·范德维克是个卧底。不过克鲁兹没有怪海托华博士，这应该怪罪到赫齐卡亚·布吕梅的头上。

克鲁兹一直在调查制药公司的这位总裁。他读过一些有关布吕梅的文章，文章中，他被描述成一个精明又深居简出的商人。布吕梅几乎从未在公开场合露过面，因此克鲁兹连一张他的照片都找不到。克鲁兹对此一点儿也不惊讶。布吕梅十几岁的女儿雷温也非常神秘，尽管她多次敢于现身帮助克鲁兹，在佩特拉，她甚至还救过他的命，但克鲁兹知道让她永远站在自己这边可能性比较小，所以他已经很感激了。

"刚才在方雄那里我向她表示了感谢，"兰妮说，"她说她本来是打算下真正的雪花，但气候控制程序出了故障。她担心气温要么太低，会把我们冻僵；要么太高，冰融化成水后会把我们淹没。因此，'CCC'模式似乎是一个安全的选择。"

"'CCC'模式？"玛莉索姑姑问道。

"'洞穴'棉花糖，"兰妮解释道，"也就是说，当管理'洞穴'的程序失控时，方雄也没办法停止降水。不过，她可以把降水变成降任何她想要的事物。任何事物。"

玛莉索姑姑挑了挑眉，说："你是说她把冰雹变成了……"

"棉花糖，"赛勒说，"想看一看吗？"

玛莉索姑姑当然要看。这一次，视频回放到一半的时候，他们听到"嘭"的一声。

"'派'做好了。"亚米终于从电脑前转过身来。

"兰妮讨厌派。"克鲁兹打趣道。

"今天破例。"兰妮反驳道。

所有人都围在机器旁。亚米打开顶端的门，把手伸进去，取出那块三角形的石片。"还热着呢。"亚米小心翼翼地把它放到自己的桌子上，像是在摆放一个无价的花瓶。克鲁兹、兰妮、赛勒和玛莉索姑姑就站在他身后。

亚米已经摆放好了他的平板电脑。屏幕上显示着克鲁兹拍下的真正的第七枚石片的照片。他把仿制的新石片放在屏幕上照片的右侧。亚米朝克鲁兹伸出手，克鲁兹取下脖子上的挂绳递给他。绳子上系着六枚石片，克鲁兹的妈妈已经确认过它们都是真的。克鲁兹并没有把那枚为涅布拉做的假石片拼接上去，它一直被放在克鲁兹桌子的抽屉里。亚米把这六枚拼接在一起的石片放在照片的左侧。"我们已经知道，仿制的这枚石片的成分和真的石片的成分一模一样，"他解释说，"现在，我们需要检查一下其他的方面是否也一样——颜色、形状、上面雕刻的内容，以及所有的边边角角。"亚米坐了下来，其他人挤成一团，视线越过他的肩膀，盯着石片仔细审视。亚米拿着新石片和照片上的进行比较，然后又和拼接好的真品做比对，他们几个则在一旁紧张地看着。比对完后，亚米把它和第六枚石片拼接在一起。

克鲁兹屏住了呼吸。如果不匹配……

咔嗒！石片很容易就卡上了。

"完美。"赛勒喘着气说。

这是一个好的开始。令人紧张的几分钟过后，亚米抬起头，他的心情眼镜上出现了金色的暴风雪。"是匹配的。"

克鲁兹跟兰妮和赛勒击掌，然后拥抱了一下姑姑，不过他们还没有完全解决问题，最终的考验在等着他们。

亚米把那枚新的石片拆下来，放进克鲁兹手里，说道："我们看不出有什么差别，希望你的妈妈——我指的是那个全息影像——也看不出来。"

亚米故意纠正了自己的说法。他知道克鲁兹对这个欺骗妈妈的计划感到不安。"你没有骗任何人。"亚米说，"那只是一个程序，不是真人。况且你妈妈也希望你能找齐石片。除非你能让日记程序继续往下运行，否则就无法找到所有的石片。但是如果你想要继续推进这个程序，你就只能做一点小小的……"

"欺骗？"克鲁兹打断了他。

"你已经试过其他所有的办法了，"亚米轻声说，"你妈妈会理解的。"

她会吗？

他们五个人围在房间中央低矮的圆桌旁，克鲁兹启动了妈妈的全息影像日记。他等待着生物身份识别程序完成扫描，此时的他感到又燥热又不安。

过了一会儿，妈妈的身形出现了。"嘿！小克鲁兹。"

这句话他听再多遍都不觉得厌烦。

"嘿！妈妈。"

这句话他说多少遍也不会嫌烦。

"克鲁兹，你拿到第七枚石片了吗？"

"我拿到了。"克鲁兹不敢看妈妈，害怕他的表情会泄露真相。他撒谎时妈妈总能看出来——在她还活着的时候。现在会有什么不同吗？

克鲁兹听到玛莉索姑姑的手环叮当作响，她一定是紧张地摆弄着它。克鲁兹用余光看到亚米的心情眼镜变成了表示他正在担忧的色彩。克鲁兹的妈妈还在检查那枚石片，这一次花的时间比之前花的时间更长。几分钟后，妈妈抬起了头。有结果了。克鲁兹的心脏剧烈地跳动着，撞击着他的肋骨。

妈妈那灰蓝色的眼睛与他对视。"很抱歉，这不是真的石片。你无法解锁新的线索。"

克鲁兹感觉最后一丝希望也消失了。他听妈妈说这样的话有很多次了，特别是最近一段时间。但这次的拒绝和以往不同。妈妈的语气听起来更柔和，这让克鲁兹感到更

难过了。就好像妈妈看出来他在努力挣扎，好像她也想要帮助他。当然，他很傻。这只是一个全息视频，一个提前编好的影像，能做出的反应也有限。投影中的妈妈什么也感觉不到，什么也不知道，什么也不想要。这全是克鲁兹脑海里的想象——他在渴望着无法拥有的东西。

　　妈妈消失了，克鲁兹呆在那里，不知所措，他害怕这是最后一次见到她。

说服美洲虎

▶ **索恩**·普雷斯科特正沿着泰晤士河长跑，他感觉自己的心扑通扑通跳个不停。他停在一棵树下，拉开胸前口袋的拉链，拿出手机。是天鹅。

他简单地回了个"是"。

"出去慢跑了，是吗，眼镜蛇？"一个声音问道。普雷斯科特十分肯定这就是赫齐卡亚·布吕梅的行政助理乌娜的声音。"今早真美。你是沿着泰晤士河跑的吗？"天鹅肯定已经知道了这个问题的答案。涅布拉总能知道你在哪里。普雷斯科特凝视着溅到挡土墙上的泥水。"是。"他喘着粗气回答。

"我接到一些指令，"她说，"狮子希望你待命。'猎户座号'现在在南极洲，不过很快就要沿着南美洲的东海岸向北航行。但我还不知道他们会停靠在哪个港口。"

"是……美洲虎吗？"

"是……"乌娜停顿了很长时间，才说，"也不是。"

这算什么回答？要么是该解决掉亚米了，要么还没到时候。普雷斯科特擦了擦额头上的汗，问道："天鹅，发生了什么事？"

"我……我……我不应该……我只是应该让你知道要随时待命。"

"这点你已经做到了。但如果出了问题，我也得知道。我需要做好准备。"

"狮子遇到了一些麻烦……"

"稍等。"普雷斯科特打断她。

一群游客正沿着人行道走过来。普雷斯科特转身背朝河边，面向一条双车道。他等车流停歇后，飞奔到绿荫道的另一侧，然后走进一个花岗岩饮水器的阴影处，再从一道短树篱的缺口处穿过，最后在切尔西老教堂旁边的托马斯·莫尔的雕像前停了下来。

普雷斯科特把手机举到耳边，说："怎么回事儿，天鹅？"

"探险家卧底拿到了第七枚石片，但是……"

普雷斯科特的大脑里想着各种可能性。弄丢了？弄坏了？还是卖掉了？

"美洲虎拒绝交出石片。"天鹅说。

普雷斯科特大笑起来。亚米，真有你的！他必须承认，这孩子有抱负，但又冷酷无情。很少有人敢与赫齐卡亚·布吕梅对抗。"狮子肯定非常愤怒。"普雷斯科特尽量压制住自己声音里的喜悦。

"你说得太轻了。"

普雷斯科特只能想象。

当布吕梅觉得受挫时，常常会失去理智。斑马死的不是时候，现在这个少年又不合作。碰上这种情况，布吕梅脚下的大地肯定要颤动了。"为什么不让我试着做些什么来让事态发展回到正轨呢？"他提议道。

"你的意思是，和美洲虎谈一谈？"

"是的。"

"那不可能……"

"让我试一试吧。不需要让狮子知道。如果有用，问题就能解决；如果不行，我们就按照他的方式来。"

天鹅又叹了口气。"我……我想……"

"自信点儿。"

"真的非常感谢。我可以给你二十四小时去说服美洲虎，但在这之后，狮子会亲自处理这些事情。"

"我明白。"

"谢谢你，眼镜蛇。"

"也谢谢你……乌娜。"他等对方的呼吸平缓后，才挂断电话。

狮子是掌控者，他拥有至高无上的权力，而且会毫不犹豫地使用他的权力。

普雷斯科特抬头看了一眼托马斯·莫尔那张冷酷的脸。在涅布拉那里，没有人是安全的，哪怕是最忠诚的仆人。

"冰山"任务

嗡嗡。 嗡嗡。

亚米没有动。

嗡嗡。嗡嗡。

克鲁兹对面的床上仍然没有其他动静。

"亚米？"克鲁兹大叫一声，"你的闹钟在响。"

这个金绿色的闹钟是亚米的叔叔和阿姨送给他的礼物。闹钟的形状像一个倒着的"V"，闹钟可以发出几百种动物的叫声。克鲁兹最喜欢的是低沉的、萦绕耳畔的蓝鲸之声，而亚米最喜欢的是树懒宝宝那可爱的叫声，因此他们大多数时候是在树懒宝宝的叫声中醒来。今早醒来后，克鲁兹就一直看着在他身旁打盹儿的哈伯德，它的身体随呼吸轻缓地一起一伏。

自从妈妈否定了他们自制的石片之后，或者用赛勒的话说，是"岩石末日"之后，他这一周就没怎么睡好。但是，克鲁兹并没有因为失败而气馁，他的朋友们——亚米、赛勒和兰妮都跟他一样，决心找出问题所在，然后纠正错误，再试一次。

与此同时，"猎户座号"正驶向南极洲的最北端。途中，他们有足够的时间来详细检查仿制过程。亚米对他的设计程序做了一个全面的诊断扫描；赛勒检查了石头的组成和尺寸；兰妮仔细研究了他们的运算；克鲁兹调试了3D打印机，确保它能正常工作。尽管他们已经注意到了细枝末节，但还是没能找出一个错误。他们必须弄明白克鲁兹的妈妈为什么会否定这枚仿制品，否则再制作出一枚也毫无意义，他们只会得到同样令人失望的结果。

"我们会弄明白的。"兰妮对克鲁兹说。

他很感激这些安慰的话，但也非常担心。这不是线索，不是需要解决的谜题，也不是需要破解的密码。妈妈说得很清楚，要解锁最后一条线索，必须用真正的第七枚石片，其他办法都不行。天哪，这根本不是需要"弄明白"的事情。这仿佛是一条死胡同。

咔——咚咔。

亚米在他的床头柜上摸寻闹钟，结果从床上滚到了地上。

克鲁兹探出身来。"你还好吗？"他朝着那个大块头问道。

亚米坐了起来，揉了揉头，说："嗯。"

他的声音和闹钟里树懒宝宝的一模一样，克鲁兹笑道："既然你起来了，要不要先冲个澡？"

"你去吧。"亚米打了个哈欠，接着又爬回被窝里。他的一只胳膊从皱巴巴的被子里伸了出来，掌心朝上伸向克鲁兹，等待着。

克鲁兹小心翼翼地从被子里爬出来，以免打扰到哈伯德。他从脖子上取下挂绳，把石片扔到亚米手里。这是他们几个的新约定，无论什么时候都得有人看管石片。如果克鲁兹不能保管，就必须交由亚米、赛勒或兰妮亲自看管。克鲁兹洗了澡，穿好衣服，在亚米洗澡的时候喂了喂哈伯德，然后把它的狗绳系在它的项圈上。他敲了敲浴室的门，说："亚米，我去遛哈伯德了，之后会去趟方雄那里。"

"好的，吃早饭的时候见。"

出门前，克鲁兹匆忙地拿上平板电脑。他和哈伯德出门后右拐，在船尾甲板的草地上待了一会儿，然后沿着通道溜达到中庭。这里的地板上有一个嵌入式的木质指南针设计，克鲁兹站在地板中央，抬起头从穹顶的顶部舷窗看出去。闪闪发光的星星就像在一条运行缓慢的黑色传送带上缓缓飘过。南极洲附近到处是冰山，安全起见，伊斯坎德尔船长让"猎户座号"减速行驶。在过去的一天里，克鲁兹时不时地就能听到船头破冰而过时发出的嘎吱声。他们究竟要去哪里？

"早上好。"赛勒从他身后冲进中庭。她把头发向后梳成了一个马尾辫。"白天越来越短，我们起床也变得越来越困难。我的意思是，每天的日照时间逐渐减少，让起床变得更加困难，而且……哦，天哪，这种情况终于发生了！"赛勒垂下双手，一缕头发从肩膀上滑落下来。"我已经变成亚米了。"

克鲁兹扑哧一声笑了出来。

"今天早上十点才日出，"赛勒哀叹道，"你能相信吗？十点！我查了一下日出日落表。下午两点五十一分就日落了——白天的时长还不到五个小时。再过几天，猜猜会发生什么？"

"太阳就不再升起。"一个低沉的嗓音说道。卢文教授穿过中庭，朝他们走来。他穿着一件衬衫，袖子卷到胳膊肘那里，下面是一条黑色的裤子。他走近时，哈伯德向后退了几步，站到克鲁兹的影子里。克鲁兹知道卢文教授不喜欢狗，他感觉哈伯德也知道这一点。

"那将会是极夜。"卢文教授说，"不过好的一面是，那时的天空会非常晴朗，你们在白天就能看到星星。"

"这就是我们来这里的原因吗？研究天空？"克鲁兹问。

卢文教授举起一根手指。他歪着头，就像哈伯德听别人说话时的样子。情况有些不一样，克鲁兹也感觉出来了。他们的老师抬头看向中庭顶部的圆形舷窗，克鲁兹也跟随着他的目光抬头看去。是的，星星不再移动了。"猎户座号"停了下来，可能是因为冰层太厚难以继续前行，或者是……

克鲁兹和赛勒对视了一眼。

这是一个任务！

"卢文教授……"

他们的老师已经走到了楼梯上。"有点儿耐心，探险家们。"他转过头，说："好好吃早餐，你们会需要它的。"

这就是一项任务！卢文教授刚走，赛勒就立刻轻轻敲了敲它的GPS别针，说："请显示'猎户座号'的位置。"

她的别针投射出一幅南极半岛的全息地图。半岛的东北角有一个红点。赛勒用大拇指和食指把它放大，上面显示出他们的船位于威德尔海。赛勒和克鲁兹交换了一下眼神，感到很困惑。他们在这里做什么？

在餐厅，他们发现其他的探险家也有同样的困惑。发生了什么？八点整，所有人都坐到了海牛教室里的座位上，期待着卢文教授的到来。两分钟过去了；五分钟、十分钟过去了，卢文教授还是没来。

"要不要找个人给他打个电话？"孙涛问。

"他可能睡过头了。"费利佩说。

"除非他再回到床上，"赛勒说，"我和克鲁兹半小时前在中庭见过他。"

布兰迪丝坐在椅子上转过身来，说："这就像新生训练的时候，教室大屏幕上显示着'欢迎来到探险家学院'一样。我们花了好长时间才发现那是一条线索。"

"也有些人一直没发现。"杜根尴尬地用手捂住了眼睛。

那天的记忆烙印在克鲁兹的脑海里。他就是这样认识的布兰迪丝。当时，他意识到那句话就是泰琳前一天对他们说的问候语。没过多久，克鲁兹和布兰迪丝便带领着其他探险家跑到大厅。那是他们第一次经历的考验，令人兴奋又有些害怕。

那个时候的布兰迪丝就像现在一样对着他微笑。

"卢文教授给你什么线索了吗？"兰妮的脸原本对着赛勒，这会儿转向克鲁兹。

"没有，"赛勒回答道，"他就说让我们有点儿耐心，并好好吃早餐。"

"早餐？"兰妮附和道，"或许我们应该去餐厅看一看。"

"或者是厨房。"韦瑟利说。

"或是医务室。"亚米提议道。

"或许你们应该待在这里，坐在自己的座位上！"

卢文教授小跑进教室，胳膊下还夹着一个平板电脑。"很抱歉我今天迟到了。早上好，探险家们！"

"早上好！"大家热情地回答道。

克鲁兹朝亚米挑了挑眉，说："医务室？"

"因为那里是治疗'病人'的地方。"

"哦！真有你的。"

"时间紧迫，就不给你们留悬念了。"卢文教授气喘吁吁地说，"你们即将开始下一个任务。"

教室里响起了欢呼声。克鲁兹和他的队友们声音最大。无论任务是什么，库斯托队都将是第一个去挑战的队伍。克鲁兹像小鸡扇动翅膀那样晃动着手肘，兴奋地用手肘撞了撞兰妮和亚米。

一个全息地球仪出现在卢文教授的身旁，卢文教授把南极半岛转向大家。就在这个半岛的"附近"，有一个红点在闪闪发光。

"这是'猎户座号'现在的位置，距离南极洲最北端有100多千米。"他们的老师说。他将图案继续放大。很快，他们看到了一群小岛。但在赛勒的GPS别针投射出来的地图上，克鲁兹并没有看到这群小岛！

"我们的船将停靠在'丹杰群岛'外围，"卢文教授继续说，"变幻莫测的天气、岩石地貌，还有岛周围巨大的冰山，使其成为地球上最危险的探险地之一，几乎没有人敢去尝试。"

卢文教授朝他们坏笑了一下，说道："但这正是你们要去做的。"

克鲁兹的心脏加速跳动起来。这听起来太刺激了！

"短时间内，天气和潮汐的情况对我们有利，因此我们要好好利用这段时间。"他们的老师说，"有三支队伍要去一个岛上探险，他们将乘坐机动充气艇或气垫船'参宿七号'。第四支队伍将搭乘'雷利号'进行海底探险。"

克鲁兹很喜欢搭乘"雷利号"潜水。他第一次潜水时就是驾驶的"雷利号"。他十分渴望再有这样的机会。他转向亚米，说："雷利号？"黄绿色的气泡在心情眼镜上欢快地跳跃着。克鲁兹希望布兰迪丝、赛勒、兰妮，还有杜根也都想一起去。

卢文教授仍在进行说明，不过全息地球仪渐渐消失了。"每支队伍都会有一名教职工陪同，但是大家要知道，他们的帮助是有限的。这是你们的任务，选择哪条路线、带什么设备、收集什么数据，这些都将由你们自己来决定。唯一的硬性规定就是你们必须在日落前返回船上，日落时间是在下午……呃……"他环顾四周，寻找刚刚放下的平板电脑。

"两点五十一分。"赛勒说。

"没错，"教授说，"下课后，你们会有一些时间和团队的其他成员一起商量计划。你们中的一些人准备的时间比较少，但会有更多的时间进行探险；另一些人则刚好相反。稍后，你们将获得更多详细信息。请在周五放学前把你们的实地考察报告交上来。"

"嘿，"兰妮在克鲁兹耳边小声说道，"这听起来就像是一次测试，而不是任务。"

"确实是一场测试。"他也在想同样的事情。这一学年马上就要结束了，只剩下两个任务。对于老师们来说，现在也是时候评估探险家们能在多大程度上把这一年学的东西应用到实践中去了。

克鲁兹听到一个熟悉的声音。他碰了碰兰妮的胳膊，问："你听到了吗？"

兰妮歪着头。"嗯，听起来像是……"

"水！"他们一起喊了出来。

在卢文教授的身后，一个巨浪正越升越高。蓝色的海浪向上卷起。这道水墙上涨到离教室天花板只有几厘米的地方后，猛烈地砸向他们的老师。克鲁兹看到海浪激起的泡沫，听到阵阵尖叫声。当巨浪继续翻滚时，受到惊吓的探险家们急忙往后退。尽管克鲁兹知道这只是幻象，但也找地方支撑着自己。潮水很快就淹没了课桌的下半部分。

"这可太疯狂了！"兰妮高举起她的平板电脑，以防被弄湿，不过这当然不会发生。全息影像是无法真的把人弄湿的。

克鲁兹看着冒着泡沫的海水在他的腰间打转。置身于这片全息海洋之中，让人有种奇怪的感觉。你的眼睛"告诉"你的是一种感觉，而你的触觉"告诉"你的却是另外一种感觉。

"看！"杜根从座位上站了起来，潮水拍打在他的身上。

在卢文教授的身旁，约有六座冰山浮出水面。他们的老师身上都是干的，等他们都安顿下来才继续说道："在这里，我们能看到六种主要的冰山形状，这些只是为了向大家展示一下，实际的冰山要比你们现在看到的大。"

这些全息冰山完全成形后，开始在座位间缓慢漂移。克鲁兹看到一座冰山从亚米的桌子旁漂过。它高出他们的头顶约 2 米，看起来像一个巨大的字母"U"。冰山的中间部分已经被侵蚀，两根冰柱之间形成了一个凹槽。接着漂过来的冰山像是一个厚厚的扁平状的长方形板子，约有会议室里桌子的一半那么大。这些冰山一旦移动到教室的后墙处，就沉下去了。

"每支队伍都将从余下的冰山中选择一座，"卢文教授说，"你们选择的冰山上会显示出陪同你们的老师、所要乘坐的交通工具，以及你们的目的地。挑选顺序取决于你们在'地理小蜜蜂'知识竞赛中的名次。因此，库斯托队作为获胜队伍最先挑选。"

什么？

克鲁兹以为他们可以优先选择他们的任务安排，可这却是让他们在"抽签"比赛中率先出场。这算什么"了不起"的奖品！克鲁兹和亚米都朝对方皱了皱眉，克鲁兹知道他不是唯一感觉受到欺骗的人。布兰迪丝、杜根、赛勒和兰妮聚在一起商议。库斯托队的每个人都在抱怨。

"布兰迪丝，请你为你们的队伍选择一座冰山。"卢文教授说。

克鲁兹简直不敢相信。这真是又一个"惊喜"！然而这并不是什么好事，因为通常是由成员们一起选出队伍的代表。虽然卢文教授说过时间紧迫，但这仍然是不公平的。

布兰迪丝看到一座拥有圆顶的冰山漂到她的桌旁；接着漂过来的是一座表面不平滑但轮廓分明的块状冰山；另一座冰山紧随其后，它有三个螺旋形的尖顶，这让克鲁兹想到了钻头；最后一座冰山是直角三角形的，当它靠近时，布兰迪丝站了起来。

"你选择的是三角形的冰山。"卢文教授跟她确认。

"呃……不是。"布兰迪丝连忙转过身，指向过道，"库斯托队选择有尖顶的冰山。"

"有尖顶的？"卢文教授问道，感觉就好像她在考试中说出了错误的答案，"你确定吗？"

"确定。"布兰迪丝满脸通红，赶紧坐了下去。

冰山一旦被选中，就会像听话的机器人一样滑向所属的团队。杜根上前把有尖顶的冰山拉了过来。

"早上好！"勒格朗先生的脸庞出现在最高的那个尖顶上，"我们将乘坐'参宿七号'气垫船前往赫罗伊纳岛探险。请于今天上午十点半准时到水上项目室报到，我们计划十点四十五分下水。记得穿保暖的衣物，带好你们想要使用的技术设备。我会带上我们的食物。我们是第四支出发的队伍。"他凝视着探险家们，使他们备感压力，"好好准备，多动脑子。"视频结束后，冰山开始迅速融化。

"第四？"杜根哀号一声，"这不合理。我们赢得了比赛，应该是第一支出发的队伍，而不是最后出发。"

"我们该去说点儿什么吗？"兰妮问，"给莫迪教授打电话，把事情弄清楚？"

"那没什么用。"亚米正看着他的平板电脑，"严格来说，卢文教授是遵循了'地理小蜜蜂'知识竞赛的规则。规则中有说：下一次选择任务时，获胜的队伍享有优先选择权。规则上并没有说那是什么样的选择。"

"那就这样了。"杜根对着全息冰山猛击一拳，说道，"我们现在就跟这些冰山一样要沉没了。"

"这对我们来说的确是一次打击，但我们能应付得来。"赛勒安慰道，"下课后我们就去图书馆商量计划，如何？"

几座全息冰山都在融化。克鲁兹在另外几座冰山上看到了贝内迪克特教授、石川教授和卢文教授的面庞。如果布兰迪丝选择了三角形的冰山，他们就能和卢文教授一起去探险了。

"命运眷顾勇者！"他们的老师开心地说完这句话后，宣布下课。

"命运眷顾勇者，而不是眷顾最后一支出发的队伍。"他们拖着脚步走出教室的时候，杜根抱怨了一句。

亚米走在最后，他的心情眼镜看起来像一团快要熄灭的火焰。克鲁兹让队伍里的其他人继续往前走。他放慢脚步，走到亚米身旁，亚米把平板电脑抱在胸前。"怎么了？"克鲁兹小声问，"是在规则中发现什么问题了吗？"

"不是。"

"那是什么？"

他把屏幕转向克鲁兹。

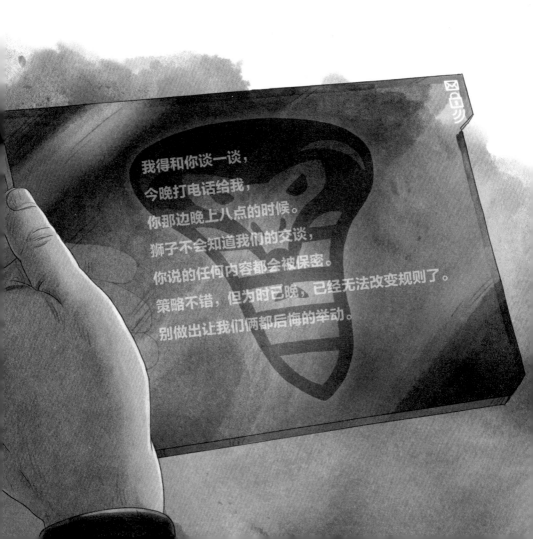

我得和你谈一谈，

今晚打电话给我，

你那边晚上八点的时候。

狮子不会知道我们的交谈，

你说的任何内容都会被保密。

策略不错，但为时已晚，已经无法改变规则了。

别做出让我们俩都后悔的举动。

方雄的新助理

"'**改变**规则'？'让我们俩都后悔的举动'？"亚米皱了皱眉说。

"我有点儿担心。"克鲁兹说。

他们俩小声交谈着，落在了其他队员后面。

"担心什么事？"亚米问。

"听起来像是美洲虎打算退出这个卧底游戏。"

"有可能。"亚米说，"不过那是他的问题了。"

"实际上，既然普雷斯科特认为你是美洲虎，那就是你的问题。"

"哦，也是。"

他们转身进入楼梯间，前往图书馆。

"你看，让你假装是那个卧底，以此来获取更多有关涅布拉的情报，起初似乎是个不错的计划，但现在……"克鲁兹顿了顿，深吸了一口气。他知道接下来要说的话的严重性。

"现在……怎么了？"亚米马上问道。

"我觉得我们应该告诉眼镜蛇，你不是美洲虎。"

"你是认真的吗？"亚米的声音回荡在楼梯间，"如果我们这么做了，那我们可能永远都不会知道第七枚石片的下落。"亚米的心情眼镜上浮现出浅绿色、蓝绿色和宝蓝色的海浪，这表明他坚定的决心，"克鲁兹，这是我们最后的机会。"

"我知道。"他当然知道，"可是照目前的情况来看，你已经成为涅布拉的目标太久了，会越来越危险。"

"让我们看一看今晚会是什么情况。"亚米说。

"我……我不知道，"克鲁兹眉头紧皱，"如果普雷斯科特发现……"

"他不会发现的，"亚米强调，"他没那么聪明。在华盛顿特区，我看到他跟着你下飞机的那一刻就觉得他不对劲儿。呃，或许不是下飞机的时候。不过后来在餐厅，我又看到他时就非常确定了。反正我很快就'锁定'了他。"

"'锁定'他？"克鲁兹感到很困惑，"怎么可能呢？那个时候我们俩才刚见面。"

心情眼镜发出的光更亮了。"拜托，克鲁兹，你很擅长解谜。你到现在还没有把所有线索拼凑在一起吗？"

"线索？"他依然很困惑。

亚米叹了口气，说道："你就没想过我们俩是怎么成为室友的吗？"

"我想……"克鲁兹从未真正想过这个问题。

"一个人的妈妈曾创建了一个绝密组织，另一个人的妈妈现在是这个组织的负责人，你觉得这两人住在同一个寝室的可能性有多大……"亚米说到一半，停了下来。

"咖啡。"

"啥？"克鲁兹刚说完，就闻到了咖啡的香气。

男孩们的视线越过楼梯扶手看过去，伊斯坎德尔船长出现在楼梯间。他走上台阶，手里端着一个棕色的陶制马克杯，里面是热气腾腾的咖啡。"早上好，先生们。"

"早上好。"他们异口同声地回答，三个人继续上楼。

"准备开始你们的任务了吗？"船长问。

"我们会做好准备的，"亚米说，"我们正要去图书馆商量计划。"

"一定要做好应对天气变化的准备，"船长提醒道，"你们知道体温过低的症状吗？"

"浑身发抖、犯困、精神错乱、口齿不清、身体失去协调能力，还有脉搏减弱。"亚米飞快地把他们在勒格朗先生的体适能与求生训练课上学到的症状一一说了出来，"如果脉搏减弱或是人身体的核心体温下降到35.5℃以下，我们的OS手环就会向奈奥米发送警报。此外，方雄的生物制热衣物会把我们从头到脚包裹起来。我们的GPS太阳镜还能保护我们的眼睛。"

伊斯坎德尔船长举起他的马克杯，说："再带一些驱寒食品，让你从里到外都不会感到寒冷。"

"好主意，"亚米往克鲁兹身边靠了靠，说道，"我们去克里斯托斯主厨那里看一看能否拿些薄荷可可带上。"

他们继续往上走，亚米和船长讨论着他们最喜爱的热饮，这让克鲁兹有时间能认真想一想他刚才和亚米的谈话。当然，克鲁兹发现亚米的妈妈是合成部主任后，就怀疑过很多事是否真的只是巧合。所有事情的发生都有一定的原因。因此，如果真的是有意安排，为什么要把他和亚米安排在一起？克鲁兹只能想到一种原因，这让他不禁打了个寒战，甚至连克里斯托斯主厨那美味的热可可都无法把这寒意驱走。

克鲁兹把挨着亚米的左手放进口袋，握住方雄发明的真话仪。克鲁兹把它拿出来，胳膊贴着身体垂下。他按住栖息在罗盘上的那只睡着的鸽子。

一……二……三。

真话仪被激活了。

他们已经走到了第五层甲板上。伊斯坎德尔船长冲他们挥了挥手，然后迈着轻快的步伐，沿着走廊向舰桥走去，而亚米和克鲁兹则朝着相反的方向走去。克鲁兹回头看了一眼，通往舰桥的门关上了，走廊里空无一人。

克鲁兹耳朵里的血液剧烈地涌动着。他不确定自己是否能听到他即将要问的问题的答案，但他必须知道。"亚米……你是……合成部的卧底吗？"

"什么？"亚米停下脚步，"你在开玩笑吗？不，我不是卧底，不是合成部的卧底，不是涅布拉的卧底，谁的卧底都不是！"

克鲁兹把握住罗盘的手翻过来，掌心向上。如果真话仪里黑色的指针指向亚米，那就说明他的朋友在说谎；如果是白色的指针，那他就是诚实的。克鲁兹深吸一口气，低头看向罗盘。走廊里光线昏暗，他花了好一会儿才把指

针看清，他看见的是……

白色。

呼！心情眼镜也证实了这一点。它变成红色，那是真理的颜色。然后，几十颗小红珠在镜框上跳跃。糟糕，亚米生气了。

"我不敢相信你会这么想！"亚米生气地说道。

克鲁兹连忙道歉："我不是有意惹你生气，可是如果你不是卧底，那为什么……"

"我妈妈认为，一旦你进入学院，就可能面临来自涅布拉的威胁。"亚米说。他眼镜框上那些代表愤怒的小珠子的跳跃速度慢了下来。"海托华博士和我妈妈觉得让我做你的室友是个不错的主意，因为我了解你的过去，也能密切关注你，帮你提高警惕。"他顿了顿，继续说道，"我……我知道我确实没有保护好你。"

"嘿，我还活着呢，不是吗？玛莉索姑姑知道你……"

"我不是一个真正的探险家吗？"亚米垂下目光，说，"她不知道。"

"我想问的是'她知道你在保护我吗'，你当然是一个真正的探险家。"

"我不是，"他说，"我没有被学院正式录取，我没有提交申请，也没有收到海托华博士的邀请。"

"那不重要。"

"重要，克鲁兹，那很重要。你不明白吗？一旦我们找齐你妈妈的石片，你就不再有危险了，我的任务就完成了，我就要回家了。而你……好吧，你和我们——你们——班上的其他人还可以继续搭乘'猎户座号'进行探险。"

他在开玩笑吧？这太疯狂了。卢亚米是一位非常优秀的探险家。他从一开始就在这里，克鲁兹不能想象没有他的学院生活。"亚米，你不能……你不能……就这么走了！"

"我会走的，而且也将要走了。"心情眼镜的镜框"塌"了下来，红色的小珠子也破裂了，"没关系的，克鲁兹，真的。我知道这个消息对你来说很突然，但对我来说不是。我一直知道我不能留下来。哦，别把这件事告诉其他人，兰妮和赛勒都不行。"

克鲁兹惊呆了。他低下了头。这不可能是真的，然而，手里的真话仪证实了这一切。克鲁兹宁愿不惜一切代价也希望看到指向他朋友的是黑色的指针。

可他只看到了白色的。

"红色？"杜根眯着眼睛看了看这张卫星照片。

"红色的岩石？在南极洲吗？"

"奇怪。"赛勒嘀咕道。

兰妮用手捻了捻她的一缕银发，问道："还有粉色的雪？"

"更奇怪了。"赛勒说。

"你能把照片放大吗？"亚米问。

负责操控的布兰迪丝摇了摇头，说："我已经放到最大了。"

库斯托队的队员们聚集在图书馆里的一张电脑地图桌的周围，正在查看赫罗伊纳岛的卫星图像。克鲁兹心不在焉地听着。他还在回想刚刚和亚米的谈话。或许刚开学的时候，他的室友还不是一名探险家，但现在他肯定是。这才是最重要的，不是吗？亚米是库斯托队必不可少的一员。他也最像克鲁兹的亲兄弟。亚米不能离开学院，就是不能，不单单是现在，永远都不能。

"克鲁兹？"兰妮的手在他面前挥了挥。

"抱歉，怎么了？"

"你还好吧？"

"呃……嗯，只是有点儿困。"他伸了个懒腰，说道，"一定是白天变短的原因。"

"事实上，每天的时长是一样的。"亚米说。他俯身趴在桌子上，借助眼镜把卫星照片放大来看，鼻子离屏幕只有一厘米远。"你的意思是，我们现在每天的日照时间不断减少，这让你感觉比以往更疲惫了。"

"我就是这个意思。"克鲁兹朝赛勒咧嘴一笑，说道。

她抬起头，也回他一个微笑。克鲁兹知道她要是知道亚米明年就会离开学院，肯定也跟他一样沮丧。克鲁兹希望能和她谈一谈。他需要她来告诉自己，一切都会好起来的，哪怕只是个谎言。

"各位，这里说丹杰群岛是由火成岩组成的，主要是辉长岩。"杜根说。

"辉长岩？"兰妮附和道，"那不是一种花岗岩吗？"

"没错。"杜根把他的电脑转过来，向他们展示了一张由黑色和灰色颗粒组成的深灰色岩石的图片。克鲁兹看到了一些墨绿色的斑点，但完全没看到粉色或是红色。

"看样子我们得亲自去探索了。"兰妮开心地说。

克鲁兹拿起他的平板电脑，说道："我给方雄发个信息，问一问我们的 PANDA 是否准备好了。"方雄正在给他们的设备升级，这是"地理小蜜蜂"知识竞赛获胜的奖品。

"请她顺便准备一对 SHOT 机器人。"亚米说。

"好的。"

"再问一问她上次更新我们的脑控相机是什么时候。"

"呃……好的。"

"再看一看她能不能增强……算了，没事儿了。"亚米听到克鲁兹叹了口气，说，"我给她发消息。"

"我们应该计划一下我们的旅行路线，"兰妮说，"记住卢文教授说过的话，勒格朗先生也许会来，但他不会给我们带路。"

"我会在地图上添加一个 GPS 图层，这样一来，我们就能看到'猎户座号'当前的位置。"布兰迪丝说。她把卫星图像缩小，直到能看见群岛的全貌。不一会儿，在赫罗伊纳岛以西几千米处出现了一个闪烁的红点。

"太好了！"杜根用手掌拍了一下桌子的边缘，说，"这样一来就简单了。"

"我可不这么认为。"亚米提醒道。他用食指描摹出一个巨大的白色物体，它紧挨着岛的西海岸。起初，克鲁兹以为那是一层厚厚的雾，但当布兰迪丝聚焦地图上的那块区域时，才发现那是冰。各种形状的冰块像是阻塞河道的浮木那样挤在一起。

赛勒哀号道："浮冰。"

"现在是夏末，或许现在的冰层达不到照片上显示的厚度。"兰妮指出，"我们最好多计划两条路线。"

"我们就剩不到一个小时了。"赛勒点了点头，看向位于地图桌角落的闹钟，上面显示的时间为九点四十分，"要是我们分工合作，就能及时完成所有的事情。"

"我和亚米可以负责去取技术装备。"克鲁兹说。

"我和兰妮可以制订旅行路线，并确定登岛地点。"布兰迪丝自告奋勇地说。

"杜根，你想不想和我一起研究这座岛的历史，查看探险档案？"赛勒问道。

"当然可以，"杜根说，"那我们就开始干活儿吧。拿上东西，十点二十分在水上项目室会合。"

　　队伍解散后，克鲁兹和亚米前往技术实验室。在那儿，他们见到了方雄·奎尔斯。她穿着红色的长袖 T 恤衫和牛仔裤，围着一条粉色的印有元素周期表的围裙，上面还有"实验室很有趣"几个大字。她有一头焦糖色头发，发尾染成了紫色，从印有水仙花的头巾上散落下来。这位技术实验室主任的一只胳膊夹着一个烤面包机大小的黑色存储器。"这里有两个 SHOT 机器人和你们升级后的 PANDA。我给你们每个人发了说明书链接，这样你们就可以熟悉升级后的版本了。说明书里有一些很重要的东西，有时间一定要好好看一看。还有，我已经对你们的降落伞和漂浮装备做了全面诊断，并增强了你们的通信别针的信号。我还能为库斯托队做些什么？"

　　"还有一件事，"克鲁兹说，"您能快速检查一下魅儿和它的遥控装置吗？外面太冷了，而且……"

　　"当然可以。"方雄把盒子放在桌上，说，"大约需要十分钟。"

　　"好的。"这让克鲁兹和亚米有足够的时间回一趟房间准备他们的装备，然后前往水上项目室和其他人会合。克鲁兹取下蜂巢别针，小心翼翼地从口袋里掏出魅儿，把它们一同交给技术实验室主任。方雄走进第二个小隔间。在他们俩等待的时候，克鲁兹查看了一下信息：一条是玛莉索姑姑发来的，祝他任务顺利；还有一条来自奈奥米，提醒他们周六下午要检查船舱。

"方雄，你很快就会有新的实验室助理了吗？"亚米问，"如果你还没找到，我想或许我可以……"

"已经找到了！"船舱里的一个男人喊道。

克鲁兹的头猛地抬了起来。他几乎可以肯定他听过这个声音！这个声音的主人是……

耶利哥！这时，一个瘦高的年轻男人出现了，他穿着牛仔裤和T恤衫，外面是一件敞开的蓝色实验服。看到他，克鲁兹惊得使劲儿喘气。在"猎户座号"上看见耶利哥·迈尔斯并不令人感到震惊，但是他出现在技术实验室，就令人感到很惊讶了。耶利哥通常待在探险家们看不见的地方——船底层的合成部实验室。

"嘿，亚米和克鲁兹，很高兴见到你们。"耶利哥说，"老实说，见到任何人都很好。我在甲板下待得都快发疯了。"他做了个鬼脸。

耶利哥这么……可爱的时候，很难让人不喜欢他。

"所以你不是和……你知道的……"克鲁兹问。

耶利哥目光直视，坚定地说："我现在是学院的人。"这就像是在说：我是站在你这边的，克鲁兹。

但真的是吗？克鲁兹的妈妈警告过他，不要轻易相信合成部的任何人。在这个组织里，谁是朋友，谁是敌人，无从得知。

方雄从小隔间里走了出来。"看来你们已经见过我的新助理了，很快我就会把他介绍给所有探险家。给你。"

她把魅儿和蜂巢别针递给克鲁兹，说道，"你的微型飞行器形状很好看。魅儿真是'蜂'采夺目。"

克鲁兹听到方雄说的话笑了笑。他重新别上别针，然后把魅儿放进口袋里。

亚米用胳膊夹着装有技术设备的盒子，男孩们走出了实验室。亚米坚持要去一趟厨房，拿上一大盒克里斯托斯主厨的薄荷可可，跟团队的小伙伴们分享。为了热可可，他们耽误了一点儿时间，最后他们俩不得不跑回宿舍，匆忙带上装备。

"我们走吧！"亚米一边整理着外套、背包，一边用脚帮克鲁兹开门，"十点二十了。"

克鲁兹把胳膊伸进"躲猫猫"夹克里，说："我就跟在你后面呢。"

"赛勒·约克呼叫克鲁兹·科罗纳多和卢亚米。"

男孩们按下他们的通信别针："来了！"

"别费事儿了。咱们去不了了！"

重大发现

库斯托队的每个人都弓着背站在"参宿七号"的甲板上，好像只要他们一直盯着坏掉的部件看，无论它出了什么问题，都能神奇地被修好。

"出了什么问题？"杜根问，他戴着防护头套，声音听起来闷闷的。甲板上的温度约为 −7.8℃。为抵御南极洲附近刺骨的冷空气，每个人都穿着"躲猫猫"夹克，戴着生物隔冷面罩、围脖和手套。他们看起来像六只北极熊——如果算上首席机械师桑尼瓦·托马索的话，那就是七只。

"太阳能接收器坏了。"桑尼瓦蹲在旁边，说道，"它只能在百分之三十的能量下运行。"

"难道就没办法做些什么吗？"布兰迪丝恳求道。

"我可以试着调整一下纳米逆变器，"她回答，"虽然可以把你们带到你们要去的地方，但是我不能保证它能再把你们带回来。"

"我们愿意试试看。"兰妮说。她靠向队友，询问他们的意见："对吗？"

其余五个人朝她点了点头。他们愿意。肯定愿意。

"我们不去。"一位男士语气严厉地说道。勒格朗先生从他们身后的楼梯上走下来。"不过还是谢谢你，桑尼瓦。很抱歉，库斯托队，你们的任务被正式取消了。"

"只是今天被取消了，对吗？"亚米问，表示自己充满希望的蓝色旋涡在心情眼镜上"游动"，"明天我们还可以乘坐其他的船出行。"

"不是，"他们的老师说，"暴风雨就要来了，我们必须在日落前离开这片区域。这是船长的命令。"

探险家们痛苦地叹了口气。

勒格朗先生示意他们跟他回水上项目室卸下装备。到了那里，克鲁兹迈着沉重的脚步走到长椅的一角，把背包随便一丢。他们脱下防护装备，没有人说话。克鲁兹解开围脖，向左看了看墙壁，上面放着各种装备：滑雪板、冲浪板、皮划艇等。在他的右边有四个间隔均匀的舷窗，阳光透过舷窗照射进来，形成一束束光。

"我知道这很令人失望。"勒格朗先生说。

心心念念了好久，结果任务被取消了。

"记住，你们从逆境中学到的要远比从胜利中学到的多。"老师说。

是，是，他们知道。每当在训练中搞砸了，勒格朗先生总会在那儿滔滔不绝地说出失败能给他们带来的东西：毅力、勇气、谦逊、灵活性等。他的本意是好的，但这并不能改变一个事实：其他队伍都外出探险了，而库斯托队却不能。

勒格朗先生伸手去拿食物冷藏箱，说："我要把这个送回厨房。今天你们自由活动吧，探险家们。"

有空闲时间通常是值得庆祝的事情，但今天没人有心情庆祝。勒格朗先生离开后，杜根扑通一下坐到长凳上，亚米在他旁边的位置坐下，赛勒开始漫无目的地闲逛，没有人急着离开。克鲁兹从布兰迪丝身旁的舷窗往外望去，一块淡蓝色的浮冰在深蓝色的海面上缓缓漂过。晴朗的天空万里无云，这是多么适合探险的一天！太阳从丹杰群岛锯齿状的轮廓上缓缓升起。在耀眼的阳光下，克鲁兹觉得他在南边看见了一艘"猎户座号"上的充气船。他多么想在那艘船上，而不是在这里待着。赛勒在他身后咳嗽起来。

"嘿，兰妮，"克鲁兹半转过身来说，"我想你现在有足够的时间去和你的树聊天儿了。"

"我也想。"她有气无力地说，语气听起来不太对劲儿。

"出什么问题了吗？"

"我正在尝试连接菌根网络，但我还没研究明白。我被树根'绊住了'。"

"说得没错。"杜根听出来了她的意思。

克鲁兹也咧开嘴笑了，但当他看到她那沮丧的神情时，就笑不出来了。兰妮真的遇到了困难。"怎么了？"他问。

"我倒希望我知道。石川教授一直在生物实验室帮我用一些山毛榉树的树苗做实验。我尝试用水、单糖、磷、氮和钾——这些树木需要的物质——来连接它们的根系，但我没有得到任何回应。它们生长缓慢，这我知道，可它们根本就没朝着养料的方向生长。"兰妮摇了摇头，说道。

赛勒再次清了清嗓子，说道："呃……队友们！"

克鲁兹连忙转向另一边。赛勒站在房间的另一头，向上指着……

"皮划艇！"布兰迪丝喊了出来。

克鲁兹简直不敢相信。所有人都朝着赛勒直奔过去。

兰妮伸手摸了摸其中一艘双人船的底部，说道："是给我们准备的吗？"

"还能有谁？"克鲁兹打趣道。

"我的意思是，我们能使用吗？"

"这是我们的任务，"杜根说，"谁会来阻止我们？"

"勒格朗先生就是一个会阻止我们的人。"布兰迪丝提醒道。

"我们只在'洞穴'里用虚拟的皮划艇练习过，"亚米说，"要是他认为我们还没准备好，他就不会……"

"我们必须让他相信我们准备好了，"克鲁兹说，"再说了，我们的老师不是常说要'敢于去探索'吗？"

"但是他们是认真的吗？"布兰迪丝瞪大了她那双蓝色

的眼睛，"他们真的相信我们吗？"

"我们是认真的，而且我们也相信你们！"勒格朗先生大步朝他们走来。他看了看表。"十二分钟。我是想看一看你们需要多长时间能想出一个替代方案。每个问题都有解决的办法，难就难在能否在找到解决办法前控制住自己的情绪。"他看了看他们，又看了看那些皮划艇，说，"所以，我们是要喝一整天的热可可，还是坐着这些船下水？"

库斯托队立刻行动起来，勒格朗先生则回到厨房取回午餐。他回来后，先给他们上了一堂复习课：如何坐到皮划艇的驾驶座上，如何握桨，如何正确地划桨，以及如何扶正即将倾覆的船。他还提醒他们启动制服里面的漂浮装置程序，以防有人落水。所有人确认准备好后，他们便把装备装上了船。由于勒格朗先生要独自乘船航行，所以食物和装备都放到了他的船上。船上没有多余的地方放他们的背包，不过他们只需要拿上平板电脑就行了，而且可以把平板电脑放进外套的大口袋里。

"探险家们，双击一下你们的通信别针，然后说出我的名字。"勒格朗先生提醒道。大家都按照要求去做，因为他们知道这是为了确保通信的畅通。"这是你们的任务，库斯托队，"勒格朗先生一边说，一边走到一旁，"出发吧。"

兰妮和布兰迪丝负责导航，因此她们乘坐第一艘船出发。杜根和赛勒坐上了第二艘船，亚米和克鲁兹在第三艘船上，排在最后的勒格朗先生则独自坐在第四艘船上。四艘皮划艇一艘接着一艘，平稳无声地驶离"猎户座号"。克鲁兹坐在室友的后面，轮到他们出发时，他感觉自己心跳加速。终于，他们踏上了旅途！

四艘皮划艇排成一队，在冰冷的海水中前行，此时只能听到划桨的声音。克鲁兹享受着这种简单的风车转动式的动作：先把右侧的桨叶插入水中，然后换左侧的桨叶，接着再是右侧的桨叶。每划一次，就好像他离开了一个世界，然后进入另一个世界——一个由各种蓝色绘制出来的世界。天空是明亮的蓝色，海水是深蓝色，冰山在水面上闪耀着淡蓝色的光。克鲁兹看到一大块冰上有几十条白色和蓝绿色的垂直条纹，不禁多看了两眼。

"这些条纹是海水渗入裂缝后冻结形成的，"勒格朗先生通过通信别针解释道，"它们并不总是蓝色的，还可能是黄色、绿色、棕色或黑色的，也可以是多种颜色的组合，这取决于海水中存在哪种藻类、矿物质，以及光线的折射方式。有人知道很多科学家把较小的冰山叫什么吗？"

"'冰山块'和'咆哮者'！"兰妮抢答道。

"没错，"勒格朗先生表扬道，"'冰山块'通常有1.8~4.5米宽，露出水面的高度超过0.9米；'咆哮者'的宽度不超过1.8米，露出水面的高度不到0.9米。"

"我能理解'冰山块'这个名字，"杜根说，"但是为什么还有'咆哮者'这个叫法呢？"

"因为冰山融化的时候，会把'困'在里面的空气释

放出来，空气释放时发出的声音听起来就像动物在咆哮。"勒格朗先生回答道。

勒格朗先生说完，克鲁兹就开始格外认真地听起来。他们经过的大多数冰块是扁平的，上面有掼奶油状的山峰，似乎就属于"冰山块"这一类别。克鲁兹抬起他的桨叶，看到他的右侧有一道灰色的闪光。一开始他以为那是一只海豹，直到那只动物浮出水面，他看见了一个黑色的眼球。

克鲁兹屏住了呼吸："勒……勒格朗……先……先生！"

"我看到了，"对方冷静地回答，"提醒大家注意。"

"呃……各……各位，"克鲁兹着急地说道，"在皮划艇的右侧有鲸类动物出现，一共有……呃……呃……"

"三头。"亚米帮他说道。

那头深灰色的鲸在海面上翻滚，克鲁兹看到了它露出来的沟槽状喉褶和白色的腹部。当它游过时，克鲁兹觉得它与他们在芬迪湾救助过的那头成年露脊鲸相比，个头要小一半。他的脑控相机识别出这是一头南极小须鲸。

"太壮观了，"勒格朗先生小声说道，"小须鲸可能很好奇，我很少能这么近距离地看它们。它们是一种小型须鲸，游速极快。一头小须鲸捕获、过滤、吃掉磷虾全程花的时间比座头鲸张开嘴巴的时间还要短。"

这头小须鲸从一艘皮划艇旁边游到另一艘皮划艇旁边，这让探险家们非常开心。克鲁兹认为一旦它游到兰妮和布兰迪丝附近，便会继续往前游。但他错了！小须鲸流畅地转了个弯，又游回来了！

克鲁兹可不能错过拍下它们的机会！他开始不停地拍照。小须鲸像一艘潜艇似的游向他，那弯曲的鳍刚好露出水面。之后它沉入水里，向下冲，然后再跃出水面。不过这一次，它只把头露出了水面。克鲁兹知道这种行为的含义。他曾在家乡看到过鲸这样做。这种行为被称为"浮窥"，用以观察海面之上的情况。克鲁兹尽量一动不动。小须鲸似乎在研究他，或许是在想那奇怪的黄色"外壳"是什么。他现在要是带着方雄发明的"通用鲸语翻译器"就好了！

"噢……"鲸从两个喷气孔喷射出气体。下一秒，克鲁兹感到一阵强烈的臭味扑面而来。

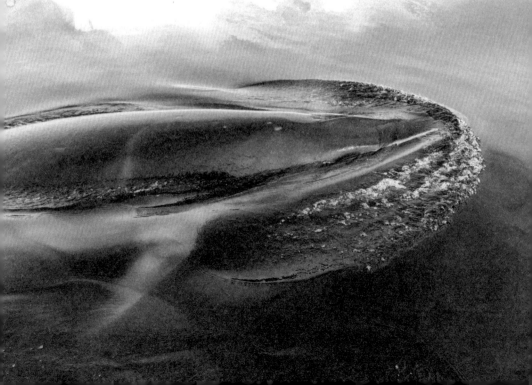

"它放屁了？" 杜根尖叫道。所有人不需要通信别针就能听到他的喊叫声。

"鲸在呼吸。"亚米捂着嘴说。

"这是一头臭臭的小须鲸。"兰妮快要窒息了。

克鲁兹本来在咳嗽，听到兰妮说的话笑了起来。他挥手驱散臭味，然后从船的右侧看过去。他没看到小须鲸。他转向左侧，还是什么都没看到。

亚米的头也来回转着。"看来它潜得很深。"

"快到中午了。"赛勒提醒道。

白天的时间还剩下不到三个小时。他们需要继续前进。库斯托队的队员们拿起了他们的船桨。当皮划艇逐渐接近赫罗伊纳岛时，浮冰变得更厚了。克鲁兹很庆幸他们提前花时间看了卫星照片，并确定了航线。兰妮和布兰迪丝沿着南边走，避开了浮冰最密集的区域。她们做得很好。

"哇哦！"克鲁兹听到兰妮的惊呼声，不过看不到她。领航的皮划艇在一座高大的冰山拐角处消失了。

第二艘皮划艇驶过那座冰山后不久，传来了赛勒的声音："哎呀！"

"你们那边都还好吗？"亚米问。

"这是……你不敢相信……"布兰迪丝断断续续地说，"我从来没见过这么多的……完全野生的……"

克鲁兹听到那边没有了动静。

"布兰迪丝？"克鲁兹喊了一声，"有很多什么？"

她没有回答。

"快点儿，克鲁兹，"亚米扭过头说，"我们得加速了。"

无须多言。克鲁兹疯狂地划桨，同时把重心向左移，以帮助他们驶过巨大冰山的拐角。他们一转过去，克鲁兹就看到……

企鹅！成千上万只企鹅。海湾的岩石海岸线上挤满了黑白相间的鸟类——一直延伸到小山丘上，沿着悬崖，直到视线尽头。有些企鹅甚至在冰山上站成一排，转动着它们的小黑脑袋看着一艘艘皮划艇驶过。当克鲁兹驶进海湾时，感觉自己就像坐在游行的花车上。他应该挥一挥手吗？

他的脑控相机识别出这些鸟类是阿德利企鹅。克鲁兹的身体靠向船的左侧，眯着眼睛看过去。他有些疑惑，那是水里的泡泡吗？不一会儿，他就意识到那是企鹅正在水面附近呼吸，然后再次潜入水中。不过它们移动的速度太快了，水面看起来就好像沸腾了一样。

　　克鲁兹看到兰妮和布兰迪丝的皮划艇停靠在岩滩上。女孩们下了船，兰妮正在帮杜根和赛勒把他们的船拖拽到岸上。布兰迪丝站在几米远的地方，朝亚米和克鲁兹挥了挥手，让他们划过去。克鲁兹感觉皮划艇的底部触岸了。布兰迪丝蹚水过去拉住船头，男孩们跳下了船。

　　克鲁兹的感官很快就受到了巨大的冲击——先是这么多企鹅发出的尖叫声，接着是一阵强烈的恶臭，不过这次的臭味比小须鲸喷射出的气体的臭味还要浓。克鲁兹觉得他的鼻窦在燃烧。"呼！"

　　兰妮不停地摇头。"刚才是小臭须鲸，现在又是难闻的阿德利企鹅！我真不知道南极洲竟然臭成这样。"

　　亚米站在不停叫喊的企鹅的面前，一边看向岩石，一边说道："这就是南极洲的样子。"

　　海岸线上有一层粉色和红色的黏性物质，成片的冰雪和许多企鹅白色的腹部也被染成了粉红色。磷虾是企鹅的主要食物，而这些小的甲壳类动物就是红色系的。

　　克鲁兹看向亚米，说："我们在卫星照片上看到的就是……"

　　"企鹅的便便！"杜根在叽叽喳喳的企鹅上方喊道。

　　"这叫'海鸟粪'。"勒格朗先生边说边朝他们走去。他熟练地将船在浅水中倾斜，这样就可以轻而易举地从船上下来，再把船拉到岩石上。

　　兰妮仰起头，说："从卫星照片上发现企鹅的粪便，这谁能想到呢？"

"肯定有人可以。"亚米说。

"这就是我们来到这里的原因，不是吗，勒格朗先生？科学家一定是在卫星图像上发现了看起来像海鸟粪的东西，他们需要现场验证。"赛勒说。

所有人把头转向他们的体适能与求生训练课的教练。勒格朗先生把面罩拉了下来，并没有回答，但他那得意的笑容告诉了他们，赛勒说的是对的。

"这可能是一个重大的发现。"杜根说。

"这一发现可能真的非常重要。"赛勒说。

杜根举起太阳镜，说："我刚刚就是这么说的。"

"你说了吗？"赛勒把防护罩向后推了推，说，"抱歉，这叽叽喳喳的声音吵得我什么都听不见！"

一群企鹅正摇摇摆摆地朝他们走来。

"啊——啊——啊——啊——啊！咕——咕——咕——咕——嘎！"

"我们在研究这座岛的时候，"赛勒提高了声音，继续说道，"了解到位于南极半岛西侧的阿德利企鹅的数量正在减少。"

"这就是为什么在这里发现这么多企鹅可能是一件非常重要的事情。"杜根总结道。

克鲁兹感觉到有东西在敲他的腿。他低头看去，是一个黑色的小脑袋，脑袋上那两只黑色的眼睛正盯着他看。

这只小企鹅似乎是被克鲁兹口袋上的金色拉链头反射的太阳光吸引了。克鲁兹跪在地上，好让这只好奇的小企鹅可以再凑近些。小企鹅用它的喙啄了啄闪闪发亮的拉链头。

"我们应该尽可能多地收集些数据。"亚米说。

布兰迪丝望向鸟群，说："你的意思是……"

"数一数，"亚米说，"我们需要数一数企鹅的数量。"

"现在是十二点四十五分，"赛勒说，"我们花了一个小时才到这里，我们在返程前还有大约一个小时的时间。"

"一个小时？"杜根用戴着手套的手捂住前额，"这里得有五万只企鹅。这还只是我们能看到的。谁知道岛上的其他地方还有多少只企鹅？我们不可能在一小时内数完。"

"也许我们不能……"兰妮一边说，一边用膝盖碰了碰克鲁兹的肩膀。

这是兰妮给他的暗示。克鲁兹依依不舍地与他新结识的企鹅朋友道别，然后抬头看向他的队友们，说道："但是魅儿可以。"

普雷斯科特的要求

夜幕即将降临。

宝石蓝色的大海上是铁灰色的天空，地平线上一道橘黄色的光带将它们分隔开来。周围的空气好像越来越凉，越来越稀薄。克鲁兹的喉咙被冷空气刺得生疼，他的胳膊像是灌了铅一样沉重。克鲁兹可以看到"猎户座号"甲板上方拱门的白光。兰妮和布兰迪丝坐在领头的皮划艇上，差不多就要划到船边了。克鲁兹喘着粗气，虽然胳膊酸痛，但是他强迫自己继续划桨。他必须继续前行，他们必须按时回到船上。

"再快一点儿。加油。必须再快一点儿。"

"我正在……尽可能快地划船，克鲁兹。"亚米怒气冲冲地说。

克鲁兹一直在给自己鼓劲儿。他没有意识到自己把这些内容大声说了出来。"我……知道，"他喘着气说，"你……

做得……很好了。"

每个人都在尽最大的努力。此前，为了在一个小时内完成在赫罗伊纳岛上的任务，他们再次分工合作。兰妮和亚米负责编程和部署 SHOT 机器人。他们俩决定让 SHOT 机器人变成企鹅用来筑巢的石头的样子。赛勒和杜根请缨去探岛，为团队的实地考察任务录制视频、拍摄照片和收集其他信息。与此同时，布兰迪丝和克鲁兹配合魅儿，统计企鹅的数量。克鲁兹利用蜂巢别针操控魅儿在岛上飞行，在此期间，布兰迪丝使用克鲁兹的平板电脑监测魅儿的进展。

如果一切按计划进行，他们就能按时完成。但事与愿违，他们没能按时完成任务。赛勒和杜根冒险划船去一个很远的布满岩石的半岛，退潮时差点儿被困在礁石上。亚米和兰妮也遇到了麻烦。低温干扰了 SHOT 机器人的变形过程。他们尝试了好几次，才让那些机器人看起来像棱角分明的石头。而克鲁兹和布兰迪丝这边还要克服与天气有关的问题。魅儿起飞后没几分钟，它的眼睛就开始结冰。克鲁兹必须隔一小会儿就让它回来一次，以帮它温暖镜片。为了给魅儿取暖，他们用双手握住它，对着它哈气，把它放进口袋，甚至还用上了亚米带来的热可可冒出的热气。反复除冰减缓了他们的计数进程。

"现在是下午两点五分，"当他们再次会合时，杜根说道，"距离日落还有四十多分钟。如果我们现在走，也许能补上耽误的时间。"

"魅儿快完成了，"布兰迪丝的眼睛盯着克鲁兹的平板电脑，说道，"它正在最后一片区域计数。克鲁兹，你能问一问它还需要多长时间吗？"

克鲁兹敲了敲别在衣领上的蜂巢别针，说："魅儿，告诉我你需要多长时间返回。"

不一会儿，魅儿的回答出现在平板电脑的屏幕上。"五分四十七秒。"布兰迪丝读了出来。

听完后没有人做出回应，克鲁兹知道队友们和自己一样，非常担心。每一分钟都至关重要。五分钟似乎并不长，但他们返程需要的时间只剩四十几分钟了，况且他们来的时候用了六十分钟。通常情况下，克鲁兹会先出发，等魅儿完成任务后，让它自己飞回"猎户座号"。但在这里他做不到。如果魅儿的镜片再次结冰，它就无法返回船上了。克鲁兹不会丢下它，他的队友们也都知道这一点。

勒格朗先生站在离他们几米远的地方，背对着他们，凝视着远处低矮的灰色云层。云层缓缓逼近，像一条厚实的羊毛毯遮盖住蓝天。因为有通信别针，勒格朗先生可以听到探险家们之间的交谈。不过他们知道他会保持沉默，这是规定。这或许给了克鲁兹勇气，让他说出接下来的话："为什么你们不先走？我留在这里等魅儿，然后乘坐最后一艘皮划艇返程。"

"你自己？"布兰迪丝问。

"我不会有事儿的。"他嘶哑的嗓音充满忧虑。

"不行。"杜根很干脆地拒绝了他。

兰妮也摇了摇头。

"我留下来和克鲁兹一起。"赛勒提议道。

"如果我们当中只有一个人迟到，他们可能会对我们稍微宽容一点儿，"克鲁兹说，"再说了，我也只是比你们晚几分钟。"

"不行。"杜根再次说道。他的语气十分强硬，甚至连在附近徘徊的企鹅都停下来往这边看了看。"我们是作为一个团队来到这里的，离开的时候也应该是一个团队。我们现在就往船上装行李如何？这样魅儿一回来，我们就出发。"

每个人都行动起来。当他们收拾完时，魅儿回来了，他们开始划船返程。为了赶在日落前回到船上，"皮划艇比赛"开始了。

克鲁兹在划桨时抬头看了一眼前方，结果脖子抽筋了。太好了！兰妮和布兰迪丝已经到达了"猎户座号"的甲板上。赛勒和杜根紧随其后。克鲁兹把他的桨叶插入水中，感觉好像是第一百万次做这个动作。戴着手套的双手已经磨破了，他能够感觉到右手手掌和手指的连接处起了个水疱。但他现在没有打算放弃，他们离"猎户座号"只有几百米远了。

向左，摇起；向右，摇起。向左，摇起；向右，摇起。

克鲁兹的耳边回荡着他急促的呼吸声。在寒冷又稀薄的空气中使出这么大的力气让他感到有些头晕。勒格朗先生把皮划艇划到克鲁兹和亚米旁边。"坚持下去！"他鼓励道，"你们就快到了！"

克鲁兹继续奋力划船。向左，摇起；向右，摇起。向左，摇起；向右，摇起。

他只能看到亚米的后背。他们就要……

"啊啊啊！"亚米叫了出来。

克鲁兹连忙抬起头，看到最后一丝光亮消失了。他那颤抖的双臂顿感无力。亚米喘着粗气，肩膀随呼吸一起一伏。他们超时了。靠近"猎户座号"时，克鲁兹抬头看去，发现第三层甲板的围栏处站着一个人，是卢文教授。他的一只脚踩在围栏最下面的那根铁条上，他看着皮划艇一艘接一艘地驶来。

克鲁兹眯着眼睛勉强挤出一丝微笑。他筋疲力尽，但还是举起一只手向他们的老师致意。

卢文教授没有挥手，也没有回以微笑。

克鲁兹从姑姑办公室半掩着的门处探进头来。"嘿，姑姑。"

玛莉索姑姑正面对着平板电脑，听到声音，猛地抬起头，一不小心撞上了她台灯上的红色金属灯罩。她伸手去揉太阳穴，克鲁兹看到她的脸上流露出轻松的神情。"你回来了！你知道吗，你们队现在是这艘船上谈论的热点。"

他笑了笑。他当然知道。库斯托队的队员们一走到探险家住宿区的过道里，其他探险家就一窝蜂似的从他们的船舱里跑了出来。各种问题如狂风暴雨般向库斯托队涌来：你们有没有因为要乘坐皮划艇而在水上项目室与贾兹发生争执？坐在皮划艇上靠近冰山吓人吗？你们是否和其他队一样发现了企鹅群？

没有。不吓人。当然发现了！

克鲁兹轻轻推开姑姑那悬浮在空中的心形钟表，把双手放在桌子边缘，说："我们在赫罗伊纳岛上发现了一大群企鹅。"

"真的吗？"

"我们不是唯一发现企鹅的队伍。每个队伍都被分配到一座岛上去探索发……"克鲁兹看见姑姑坐回到椅子上，就不再继续往下说了。她挑了挑一边的眉毛。当爸爸知道一些克鲁兹不知道的事情时，也会做出同样的表情。克鲁兹了然。"你已经知道了企鹅的事情，对吗？"

"是的，"姑姑承认道，"但还有很多我们不知道的事情——你们遇到的企鹅类型、企鹅的数量。"这次轮到她的身体靠向克鲁兹，"所以？"

"我们遇到的是阿德利企鹅，"克鲁兹回答道，"岛的东边有一些帽带企鹅，不过大部分是阿德利企鹅。魅儿数了数……"他戏剧性地停顿了一下，继续说道："一共有三十二万七千一百六十六只。"

她惊掉了下巴。"三十二万七千只？"

"零一百六十六只。"他喜欢看她吃惊的样子。这种情况并不常见。

她把一只手放到嘴唇上。"这远远超出了研究团队的预期。我真是等不及要看你们的实地考察报告了。我相信卢文教授也迫不及待地想看一看。"她继续说道，"呃……那是……呃……你们反应真快，选择使用皮划艇。"

"那是赛勒的主意。"

"你们是一支非常强大的队伍。库斯托队是我见过的最好的队伍之一。"

"这就是为什么我们这支队伍要继续保持下去。"克鲁兹脱口而出。

姑姑审视着他。"你的意思是明年吗？"

"是的……没错。明年。"好险！他必须更加谨慎，否则会不小心把亚米的秘密泄露出来。

"我能肯定这一点，你无须担心。"她安慰道。

要是真的就好了！

"每支队伍的成员组成通常是保持不变的，除非有人主动请求变动。"姑姑说。

"我不会，"他赶快说道，"我希望一切保持原样。"

悬浮着的心形钟表缓缓飘过。啊！标有"猎户座号"的心形钟表上显示的时间为七点四十三分。亚米要在八点的时候给普雷斯科特打电话，克鲁兹答应会和他一起。他从姑姑的办公室里退了出来。"我得走了。再见，姑姑。"

"做得不错。好好休息一下。我爱你。"

"我也爱你。"

克鲁兹进屋时，亚米正在通往阳台的门前来回踱步。他的心情眼镜看起来像一组"红绿灯"，由红变绿、由绿变黄，然后又变回红色。

"你能做好的，"克鲁兹一边说着，一边踢掉了自己的鞋子，"主要的事情是要……"

叮——叮——咚。咚——咚——叮。

那是亚米平板电脑发出的铃声。

叮——叮——咚。咚——咚——叮。

亚米急忙跑到他的桌子旁。"是他！是普雷斯科特！"

"我以为是你要给他打电话。"

"我也是这么以为的！"

"你最好接了。"克鲁兹催促道。

"你正站在他能看见你的地方。"

克鲁兹赶紧去找藏身之处。他朝壁橱走去。这真是个坏主意，他永远不可能把自己塞进去再关上门。他连忙转身走向浴室。这是一个更加糟糕的主意，他要是藏进浴室，就什么都听不到了。

叮——叮——咚。咚——咚——叮。

"克鲁兹!"亚米小声喊道,"快趴下!"

克鲁兹跪倒在他室友的床边。

亚米坐在床上,只要他不把平板电脑举起来,克鲁兹就不会出现在摄像头拍摄的范围内。

亚米清了清嗓子,说:"你好!"

"房间里就你自己吗?"

克鲁兹听到这个声音,不由得颤抖了一下。"是的,"亚米撒了个谎,"我……呃……以为计划是让我给你打电话。"

"计划是会变的,美洲虎,我相信你明白这个道理。我们交谈的时间越长,风险就越大,我速战速决。斑马固执又贪婪,我不希望她的情况也发生在你身上。"

"多谢你的关心。"亚米很紧张。他回答得很谨慎,但又没有什么把握。

"我知道你和克鲁兹关系很好,"普雷斯科特说,"但是你不能让友情蒙蔽了你的双眼。你必须遵守你的承诺。狮子会不惜一切代价让你做到这一点。一切都取决于你,美洲虎。你家人的安危也取决于你。"

克鲁兹的脉搏剧烈跳动着。如果亚米不这么做……普雷斯科特就会伤害亚米的父母。

什么?

美洲虎应该做什么?

"你还有什么想要的吗？"普雷斯科特问，"还有什么能说服你，让你肯合作？"

"我不想在你那里得到任何东西。"亚米说。他的语气是克鲁兹从未听过的尖锐。

"我很高兴看到你从斑马的错误中吸取了教训。那么，你会按照约定的计划行事吗？"

克鲁兹慢慢直起身子，直到眼睛从床边露了出来。他的室友跪坐着，面对着克鲁兹，平板电脑架在他们俩中间。

"我会考虑的。"亚米回答。看到克鲁兹出现在平板电脑的后面，他把眉毛挑起，好像在说：我不知道我应该考虑什么！

"我钦佩你的勇气。"普雷斯科特说，"我不知道有多少成年人愿意挑战狮子，但你作为一个小孩子正在这么做……你为什么要这么做？因为感觉内疚吗？因为友谊吗？还是因为探险家们的某种道德准则？"

克鲁兹看到他的朋友僵了一下才回答："或许这三个原因都有。"

"我没有可以消除内疚的良药，"普雷斯科特说，"不过我能向你保证，我们永远不会告诉克鲁兹你是我们的卧底。"

亚米在心里不以为然地哼了一声。

"很抱歉把你卷进来，"普雷斯科特说，他的语气很诚恳，"但我不是负责人。如果你不肯合作，事情就会……

变得很麻烦。要遵守约定，亚米。你必须遵守你的承诺。你得把石片交给我们。"

克鲁兹和亚米的视线越过平板电脑对视了一下。

美洲虎拿走了第七枚石片！

现在他们要做的就是找到那枚石片。

美洲虎的信息

"**你**不能给！"兰妮迅速用手指卷起一缕银发，说道。

"我必须给，"亚米反驳道，"我算是答应过普雷斯科特，会把石片给他。不然我还能怎么办？他用我的家人威胁我。"

兰妮放下了手。她的头发像一阵小型龙卷风一样旋转散开。

"你的家……家人？"布兰迪丝咳嗽着问道。

"哎呀！"他们的船又遇上一阵海浪，赛勒连忙抓紧扶手。

在去吃早饭的路上，克鲁兹和朋友们沿着通道慢慢走着。"猎户座号"在穿越德雷克海峡时，遭遇狂风巨浪。不过你一旦习惯了这种颠簸，就不会觉得有多么糟糕。他们的船偶尔会遇上巨大的海浪，每当这时，克鲁兹就会感到胃到喉咙之间的所有器官都挤到了一起。

"我一点儿都不喜欢这种感觉。"赛勒说。

她头顶上一个灯笼形状的铜烛台恰好在这个时候闪烁着诡异的光。

"亚米,"布兰迪丝小声说道,"涅布拉要花多久才能发现你不是真正的豺狼?"

"不是豺狼,是美洲虎,"他纠正道,"不过,问得好。"

"我还有一个问题,"兰妮插嘴说,"你打算怎么给涅布拉一枚你没有的石片?"

"这很容易,"亚米说,"我们打算给他们一枚仿制的石片。"

"他们肯定会拿它和从我这里偷走的照片做对比,"克鲁兹接着亚米的话说,"他们会认为他们得到了真正的石片,然后摧毁它,这样一来,他们就会认为他们赢了。"虽然昨晚在制订计划的时候,克鲁兹并没有对亚米说什么,但他仍然怀疑这么做是否真的足以结束这一切。涅布拉打从一开始就明确表示,他们也想除掉克鲁兹,不达到这个目的,赫齐卡亚·布吕梅是不可能满意的。

"这个办法可能有用。"赛勒说。

"也许可行,"兰妮说,"但它没办法解决我们最大的问题——我们仍然没有找到那枚真正的石片。"

"是的,但我们知道它就在'猎户座号'上。"亚米说。

赛勒做了个鬼脸,说道:"是吗? 魅儿搜寻了船上大部分地方，但如果它都没办法……"

"石片可能在甲板上。"克鲁兹说。

"是吗？"赛勒、兰妮和布兰迪丝异口同声地问道。

"很可能是这样的。你们想一想，"毫无疑问，克鲁兹仔细想过了。他昨晚大部分时间都在和亚米讨论这件事。"与其去想该把它藏在哪儿，不如问一问自己，你不会把它藏在哪儿。"

"呃，我肯定不会把它放在一个有很多人去的地方，"赛勒说，"像餐厅、教室……"

"休息室、观测台。"兰妮顺着赛勒的思路继续说，"我会想时不时去看一下，以确保它的安全，因此我不会把它放到离自己很远的地方。"

"那就排除了图书馆、技术实验室和水上项目室，"布兰迪丝总结道，"还有一些我们平时不常去的地方，如'洞穴'、医务室、洗衣房、厨房……"

"还有教职员和船员住宿区，"赛勒说，"还剩下……"

女孩们相互看了看。答案很明显：探险家们所在的那层甲板。

"好吧，我们已经把范围缩小了。"兰妮转向男孩们，说，"接下来要做什么？"

"这个星期六……"克鲁兹听到关门声，停顿了一下。在他们身后，阿里、马泰奥和赞恩沿着走廊慢慢走着。克鲁兹走到空无一人的电梯前，示意大家都进电梯。等电梯门关上后，他才继续说道："星期六早上，为迎接奈奥米的检查，所有人都会忙着打扫自己的船舱。那是寻找石片的绝佳时机。"

"去翻其他人的东西吗？"布兰迪丝做了个鬼脸，说道，"我不知道……"

"不是说我们要硬闯进他们的船舱，"亚米保证道，"我们是要帮助其他探险家收拾船舱，只不过在收拾的过程中，顺便四处巡视一下。"

"巡视一下？"赛勒的眉头皱得比她室友的还要紧，"石片不会在显眼的地方。我们得把行李袋的拉链拉开，把袜子翻出来，还得翻一翻抽屉，你知道的，要真正翻遍所有的东西。这样一来后患无穷。"

克鲁兹明白她的意思。探险家学院有严格的准则，如果有探险家认为他们当中有人想偷东西……

"除去我们几个人的船舱，还有十个船舱要搜寻。"亚米说。

赛勒朝布兰迪丝和兰妮钩了钩手指。女孩们头靠在一起，商量起来。

克鲁兹和亚米知道他们无法搜寻所有的船舱。为了完成计划，他们需要女孩们的帮助。

赛勒往后退了一步，叹了口气，说："这个计划有很大的风险。如果我们被抓住，就会有很大的麻烦……"

一阵剧烈的颠簸差点儿把克鲁兹的脚震断。电梯正快速上升，但并不是正常平稳上升。他们遇上了一阵海浪——巨大的海浪！克鲁兹就像一只被甩出罐子的虫子一样，向后倒了下去。

"抓紧了！"亚米大喊道，下一秒，克鲁兹就撞到了他，心情眼镜飞了出去。

"猎户座号"撞上了浪峰，船身颠簸了好一会儿，接着又俯冲下去，他们几个又互相绊倒了。克鲁兹的肩膀猛地撞到电梯一侧，他感觉自己肺里的空气全被挤了出来。过了好一会儿，船身才平稳下来。克鲁兹被亚米压在身下，侧躺在地上，后背抵着电梯门。突然，从地板上冒出来一个东西刺向他的胸腔。克鲁兹连忙弯下脖子，把头缩起来。他的脸离兰妮不到 30 厘米。兰妮双眼紧闭。"兰妮？你还好吗？"

她的眼皮动了动。"我觉得应该是没有受伤。"

克鲁兹感觉亚米从他身上移开了，于是，他把那像椒盐卷饼一样的身体舒展开来。他坐起身，发现刚刚刺向他胸腔的东西竟然是亚米的心情眼镜！镜片没碎，但一个眼镜腿儿弯了。克鲁兹用力把它掰直，然后交还给它的主人。亚米带上眼镜。变形的眼镜架在鼻梁上，左边比右边足足低了好几厘米。

不过看起来并没有人受伤。

赛勒跪在地上，她的马尾辫松散地垂了下来，敞开的夹克衫的下摆缠绕在她的腰间。"不管怎样，正如我所说的，我们三个一致认为，如果我们被抓住，就会有很大的麻烦……"

"我知道。"克鲁兹有些沮丧。当然，她说得没错。"这个要求很过分，特别是你们已经做了……"

"你让我说完。"赛勒打断他的话。她整了整自己的夹克衫，说道："这就是为什么我们一致认为最好不要被抓住。"

克鲁兹睁大了眼睛。"你的意思是……"

她对他得意地笑了笑，说："我们加入。"

吃早饭的时候，杜根两侧的脸颊看起来有些发青。他正在吃麦片，或者说正在尝试吃麦片。他往碗里倒了太多牛奶，船因为海浪的原因一直在颠簸，碗里的牛奶和麦片不停地洒在托盘里。克鲁兹在盘子里来回摆弄培根，他的胃绞着疼，不过这跟暴风雨无关。他担忧的是卢文教授那边。昨天，卢文教授站在栏杆边迎接他们的时候，态度很冷淡，这件事他没有告诉他的队友们，就连亚米都没说。错过了截止时间，大家的心情都不好，他不想再雪上加霜了。

"克鲁兹？"布兰迪丝站在他的椅子旁，问，"你吃完了吗？"就剩下他自己还坐在桌边。他沉浸在自己的思绪中，没有注意到其他人已经起身离开了。队友们都吃完了，正在餐盘回收处清理餐盘。他把椅子往后推了推，起身离开。当他在海牛教室坐下时，就已经下定了决心。如果卢文教授当着全班同学的面说起库斯托队晚归的事情，克鲁兹就自己承担过错。勒格朗先生常说什么？每个人都会犯错。弱者喜欢寻找借口，而强者则勇于承担责任。

"普雷斯科特刚刚给我发信息了。"亚米小声说道。克鲁兹赶紧往他那边靠过去。"他给了我涅布拉伦敦总部的地址，让我用夜间无人机把石片送到那儿去。"

毫不意外。

兰妮站在克鲁兹的右边，对着他钩了钩手指。他向她靠了过去。"有件事我不明白，"她对着他的右耳轻声说道，"欺骗涅布拉很危险，那美洲虎为什么要这么做？为什么他不直接交出石片呢？"

"或许美洲虎对自己是卧底这件事有顾虑，"克鲁兹说，"我的意思是，他是我们中间的一员。普雷斯科特可能认为美洲虎想用石片换取些东西，比如钱。"

"钱？"她用笔尖在她的下巴上敲了敲，说，"这就说明，美洲虎要么是一个很好的朋友，要么是一个很坏的敌人。"

克鲁兹同意她的说法。他真希望自己知道美洲虎属于哪一种人。

"所有这一切最让我感到害怕的是……"兰妮开始说。

"早上好，探险家们！"卢文教授突然小跑进教室。

"早上好！"大家回答。

"昨天做得很好。"他一边为他们鼓掌，一边慢跑到教室前面，"老师们一直在谈论你们——都是在表扬你们，我保证。你们达到，甚至是超出了我们对这次任务的预期。我很期待你们的实地考察报告，顺便说一下，明天就要交了。如果你们报告里的内容和我从你们的带队老师那里听来的信息吻合，你们就能因为参与了一项重大发现而获得殊荣。"

"啊咔，啊咔，啊咔！"杜根努力模仿着企鹅的样子叫道。

全班哄堂大笑。

克鲁兹的胃部痉挛开始有所缓解。卢文教授似乎和往常一样心情愉悦，也许他已经从失望的情绪中走了出来，又或许克鲁兹对他当时看到的情形有所误解。对每个人来说，那都是漫长的一天。

卢文教授的身旁出现了一幅全息地图，上面显示的是"猎户座号"现在的位置，它位于德雷克海峡中间。"我知道，你们很想知道最后的任务，但是我们还没有准备好，无法和你们分享相关的细节。"卢文教授说。他抬起双手，安抚大家失望的情绪。"不过我可以告诉你们，我们将沿着阿根廷的东海岸航行，就让我们从那里开始研究南美洲吧。阿根廷是南美洲第二大国家，是很多动植物的家园……"

克鲁兹不得不等到卢文教授走到教室的另一边，再继续他和兰妮的谈话。"所以呢？"他用胳膊肘轻轻推了推她，问道，"你最害怕的是什么？"

兰妮转过身，她耳环末端的一小朵粉色芙蓉花随之晃动。"还没等我们找到那枚真正的石片，美洲虎就决定把它交给涅布拉。"

听完兰妮说的话，克鲁兹的胃又开始难受了。这一次持续了很长时间。

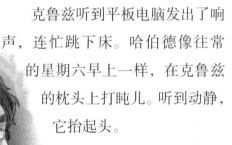

克鲁兹听到平板电脑发出了响声，连忙跳下床。哈伯德像往常的星期六早上一样，在克鲁兹的枕头上打盹儿。听到动静，它抬起头。

"抱歉，小哈，但可能是他们找到石片了！"克鲁兹匆忙拿起床头柜上的平板电脑。原来是赛勒发来了信息！他点了一下那个图标，脉搏跳动的速度加快了。

实际检查船舱的用时比预计的时间长。我已检查完两个船舱，还剩下一个，没有发现。

　　克鲁兹希望兰妮、亚米和布兰迪丝的运气好点儿。他们几个两小时前就离开了。克鲁兹原本也打算一起去，但亚米指出，如果那个探险家卧底看到克鲁兹出现在他的船舱门前，有可能会被惊到。"在这件事上你最好别现身。"亚米说。

　　"他说得没错。"赛勒说。兰妮也点了点头，说道："我们能处理好。"

　　克鲁兹勉强同意了。亚米和赛勒自告奋勇，每人负责三个船舱，而兰妮和布兰迪丝每人负责检查两个船舱。他们商量的是：如果发现第七枚石片，立刻通过平板电脑发信息通知大家。任务结束后，所有人返回202号船舱。朋友们离开后，克鲁兹先是花了一个小时彻底打扫了船舱，为下午两点奈奥米的检查做准备。之后，他找了点儿别的事情干，让自己忙碌起来。他给哈伯德洗了个澡，还提前预习了玛莉索姑姑的恐龙课。

　　克鲁兹听到船舱门打开的声音，迅速爬起来。是亚米回来了。他走到一半停了下来，说："布兰迪丝马上就到。兰妮也是……"

　　他们没有发信息就直接回来，那就意味着一种结果：任务失败。

布兰迪丝匆忙走进房间，说："嘿……抱歉……没找到。我已经尽力了……我几乎翻遍了韦瑟利他们的衣橱。虽然尤利娅和孙涛的房间一团乱，但我也尽力翻找了。"

亚米站在门口。他负责查找的是赞恩、马泰奥、昆托、费利佩等人的船舱。克鲁兹无须问亚米他搜查的结果。他的心情眼镜变成了代表忧郁的棕色，眼镜的边角是橘红色，克鲁兹一看就明白了。亚米也没有找到那枚石片。

兰妮也回来了。她负责查找的是叶卡捷琳娜、杜根等人的船舱。她扑通一声坐到椅子上，说："船舱太乱了。"

克鲁兹做了个鬼脸。"我想到了，搜查杜根的房间可能是个挑战。"

"杜根的房间其实还好，我说的是叶卡捷琳娜的房间！我差点儿被那气味熏晕了。'所有人，把你们的脏衣服捡起来'，我现在总算明白奈奥米为什么要检查我们的船舱了。"

二十分钟后，赛勒回来了。她查找的是费米等人的船舱。赛勒跪在床边抚摸着哈伯德，说："费米喜欢收集岩石。他收集了好多岩石。那些石头很酷，我花了好长时间才看完。抱歉，没找到石片。"

"不管怎样，谢谢大家。"克鲁兹尽力掩饰住自己的失望。

"赛勒和我……呃……或许该走了，"布兰迪丝说，"我们还得收拾自己的船舱。"

"需要帮忙吗？"克鲁兹问道。至少这件事他能帮上忙。

赛勒轻轻拍了拍他的胳膊，说："我们自己可以的。"

无须问兰妮是否需要帮忙，她的船舱就像她家里的卧室一样，什么时候都整洁有序。兰妮喜欢使用储物箱，她用它们来放各种东西——书、鞋子、衣服，还有她发明的各种电子产品。她有各种各样的储物箱——大的、小的、圆的、窄的。她甚至还有一些专门放储物箱的箱子——把一堆小箱子放进那些大箱子里。

"吃午饭吗？"女孩们走后，亚米提议道。

"你先去，"克鲁兹说，"我想先去遛一遛哈伯德。"

克鲁兹独自一人待在船舱里，脱下衬衫，换上他最喜爱的长袖 T 恤衫。每到周末，探险家们如果不想穿制服的话，可以换上其他衣服。白色 T 恤衫的前面印有蓝色的海浪，浪峰上写有几个大字：醒来、冲浪、重复。衣服背面写着：考爱岛哈纳莱，高飞脚冲浪店。这是他们店里卖得最好的 T 恤衫。克鲁兹穿上它，感觉离家更近了一点儿。

哈伯德睡得很好，克鲁兹不想吵醒它。他坐在床上，看着狗狗呼吸时一起一伏的身体。克鲁兹蜷缩在狗狗身旁，把他的脸颊枕在柔软的毛上。哈伯德刚洗完澡不久，闻起来很香。克鲁兹闭上眼睛，不让自己去想任何事，但似乎没什么用。时间一分一秒过去。他需要在涅布拉发现被骗前找到那枚真正的石片。石片会在哪里呢？

叮！克鲁兹的平板电脑上收到一条信息。他被惊醒了。他刚刚睡着了，不过不知道自己睡了多长时间。他小心翼翼地从还在打盹儿的哈伯德身上越过去，拿起平板电脑。

"发信人"一栏里没有名字，"主题"栏也是空着的。克鲁兹打开信息，快速扫了一眼内容，看到最下面的签名。

美洲虎！

线索

亲爱的克鲁兹：

我拿走了你的石片。虽然我可以解释原因，但那并不重要，重要的是我不该这么做。很抱歉。我想要把石片还给你，但我们见面的话太危险了。因此我把石片藏在了船上，你要自己找到它。破译出下面的信息，你就可以得到石片所在的位置。你喜爱的一项运动能帮你破译密码。

1. EET；2. ENSLNR；3. RHUEOE；4. GOME。

注意安全。

美洲虎

"你喜爱的运动？"兰妮说，"这很简单：冲浪。"

周六晚上，四名探险家围在202号船舱里的一张低矮圆桌旁。亚米和兰妮坐在椅子上，克鲁兹和赛勒坐在他们脚边。克鲁兹的平板电脑放在桌子中间，上面显示着美洲虎发来的信息。房间里只开着亚米的"疯狂科学家"台灯。他们能听到费利佩在隔壁房间拉小提琴，不过大多数人去三楼的休息室看电影了。奈奥米已经把宵禁时间延长到了晚上十一点。亚米的表上显示现在是九点三十九分。

亚米盯着平板电脑，说："有可能是一种替换式密码。"

克鲁兹明白他说的。英语中有多少个词是以两个相同的字母打头的呢？这一串字母很可能是要重新排列组合。另外，那些数字也是线索。

"我们开始干活儿吧。"兰妮说。

克鲁兹开始在一张便笺纸上写下可能的组合。

"有什么发现吗？"过了一会儿，兰妮问道。

"你自己看吧。"克鲁兹把便笺纸递给她。

兰妮看着纸上的字，额头上的川字纹更深了。"LEE NO？还是 EEL ON？"

克鲁兹叹了口气，说："我们需要找到解密的方式。"

"这是肯定的。你姑姑寄给你的那些让你解密的明信片呢？美洲虎的信息有没有让你想起哪张明信片？"

克鲁兹又研究了一遍。他双手抱头，用力按压，好像这样做就能把答案从大脑里挤出来。可是没有什么用。

赛勒坐直身体。"我想到了！"她举起她的平板电脑，看着眼前一张张急切的面孔，说，"有没有可能是'GNOMES TURN HERE（侏儒转向这里）'？谁觉得这句话有什么意义吗？"

　　哈伯德抬起了头，不过不是因为听到了他们的讨论声。它看向门的方向。因为拥有敏锐的听觉，它无疑是听到了脚步声。有人在走廊里。克鲁兹本来没多想，直到他看见一个信封不知被谁从门下塞了进来。是雷温送来的新消息！

1.EET　2.ENSLNR　3.RHUEOE　4.GOME

1	2	3	4	
E	E	R	G	EERG
E	N	H	O	EHNO
T	S	U	M	TSUM
	L	E	E	LEE
	N	O		NO
	R	E		RE

4	3	2	1	
G	R	E	E	GREE
O	H	N	E	OHNE
M	U	S	T	MUST
E	E	L		EEL
		O	N	ON
		E	R	ER

克鲁兹连忙跳起来，往门口跑去，然后猛地把门打开。"韦瑟利？"

"克……克鲁兹？"韦瑟利正准备离开，"我没想到你在……我的意思是……我以为你……你……去看电影了。"

"没有，我今晚在房间里待着。这一定是给我的，对吗？"他俯下身，从脚下拿起粉红色的信封。

"别在这儿说。"韦瑟利嘘声说道。她把他推进房间，然后关上门。看到亚米、赛勒和兰妮都在，她愣住了。"噢，天哪！"

"没关系，"克鲁兹说，"他们都知道雷温的事情。不过你是怎么知道的？"

"我们是老朋友了，在伦敦上学的时候我们就认识了。她打电话给我，说她要和你保持联系，事关重大，我便答应了她，帮她传递消息。"她皱了皱眉，说道，"克鲁兹，我不太清楚发生了什么事，但我知道无论是什么，那都可能超出了你的能力范围。你不觉得应该告诉奈奥米吗？"

"她知道。"

"她知道？好吧。很……很好。"

韦瑟利看上去想多问他一些问题，但她没有继续问下去。

克鲁兹打开信封，取出粉红色的便条。便条上的字清晰可见：

亲爱的克鲁兹：

真希望我有好消息，但是涅布拉仍一步步向你逼近，你必须离开"猎户座号"。我曾试着和我父亲谈一谈，但他不听。总有一天，我会纠正我父亲犯下的所有错误。请小心。你要有麻烦了，赶快离开，别让麻烦找上你。

你的朋友
雷温

克鲁兹把纸揉成一团，看向韦瑟利，问："是你一直在给我传递她的信息吗？"

"我感到很内疚。雷温说这是生死攸关的事情。"韦瑟利用她那双绿色的眼睛注视着他，"你们俩都是我的朋友，如果有什么我能帮上忙的……"

"你帮的忙比你认为的还要多。谢谢你，韦瑟利。"

"不客气，克鲁兹。请你听雷温的，她说得没错。我的意思是，她很爱她的父亲，但她父亲现在已经失去了理智。他只在乎他的公司，如果你挡了他的路……"

"我明白。"天啊，他当然明白！

"呃……我得回去看电影了。"她转过身，"我跟布莱斯卡说我要下来拿件毛衣。"

"再次谢谢你。"克鲁兹说。

韦瑟利飞快地挥了挥手，然后轻轻打开门，悄悄地溜了出去。

"你知道，我并不是很相信雷温·布吕梅，"亚米说，"不过这一次，你应该听她的建议，或许你应该离开这艘船。"

"离开'猎户座号'？"赛勒叫道，"那样的话，克鲁兹会错过我们最后一次任务和总决赛，还有……"

"与其成为涅布拉的囊中之物，还不如错过任务和比赛，好好活着。"

"好吧，你说得也许有道理，可还是……"

"各位，快点儿，快记下赛勒说'你说得有道理'的日期。"亚米开玩笑道。

"就是这个！"克鲁兹惊呼道，"是栅栏！"

他说完，其他人仍一脸茫然地看着他。克鲁兹赶紧解释道："刚才韦瑟利说雷温的父亲已经'失去了理智（off the rails）'，这让我想起玛莉索姑姑的一张明信片。那是几年前她在加拿大萨斯喀彻温省的一处考古挖掘现场寄给我的。你们知道的，每张明信片上的照片都是线索，对吧？那张明信片上的照片是一片大草原，草原上有一个用劈开的木头做成的栅栏，当时我就意识到，我得用'栅栏（rail fence）'来破译姑姑的信息……"

"我明白了，"兰妮插了一句，"这与你喜爱的一项运动——冲浪也有关！冲浪板的两侧叫'板缘（rails）'。"

"没错！"克鲁兹把雷温的纸条塞进口袋，拿起他的便笺本。他撕下最上面的一页，然后把那张长条形的纸横过来。"如果我猜得没错，美洲虎用了栅栏做密码。"克鲁兹画了一个新的栅栏网格，这一次，他把那些字母填进网格里。

他一写完，便拿起那张便笺纸，说道："再读一遍，不过这一次，要从左下角的 G 开始，沿着对角线读。"

兰妮不一会儿就得到了答案。

"温室柠檬树！"她喊了出来，"你做到了，克鲁兹！你解开了谜题。"

"没错，但是……"赛勒费劲儿咽了口唾沫，说，"这指的是我们船上的那个温室吗？我们有规定，探险家未经克里斯托斯主厨、奈奥米或其他任何一位老师的许可，都

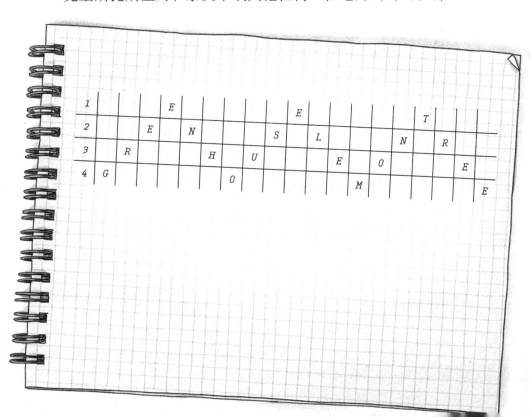

不能进入观景台的封闭苗圃区域。"

"上次我们为了修复全息影像日记，在那儿过了夜，泰琳发现后让我们离开，还给了我们一个警告处分，"亚米说，"如果第二次违反规定……"他叹了口气。

"我没有别的选择。我得走了。"克鲁兹说，"但是我不希望你们中的任何一个人因为我而惹上麻烦。我最好一个人去。"

"你可以带上我们中的一个去给你放哨，这个人可以待在观景台，有人来了也能提醒你。"赛勒建议道。

"好主意，"兰妮抬起下巴，说道，"你应该带上一个有望风经验的人。"

"一个对安保设备了如指掌的人，以防有新的监控摄像头出现。"亚米的心情眼镜上浮现出两个黄色风车，显示出他的渴望。

"你俩可真含蓄，"赛勒咕哝道，"所以，克鲁兹，你想选谁跟你一起去？"

"呃……"克鲁兹看着面前一张又一张满怀希望的脸。他口干舌燥，头上直冒汗。无论他选谁，其他两个人都会失望，甚至是生气。他看了看亚米，又看了看赛勒和兰妮，最后又看了看亚米。他该如何抉择？他无可奈何地看着他们，突然想到了一个答案。

"哈伯德。"克鲁兹宣布。

那只昏昏欲睡的小狗听到自己的名字，睁开一只眼睛，还打了个哈欠。

"哈伯德？"赛勒双手叉腰，说，"你要选一只小狗帮你望风？"

"为什么不行呢？"克鲁兹迅速擦掉额头上的汗珠，说道，"我们一起在船上散步，这样不管是谁在观景台上看到我走来走去都不会多想。再说了，它是这份工作的最佳人选……呃，我是说，最佳选择……没有比小哈听觉更好的人了。"

他们无法反驳。克鲁兹不等他们再次说话，就拍了拍大腿，说："快来，小哈，我们出去散步。"听到"散步"两个字，哈伯德立刻从床上跳了下来。克鲁兹把皮绳扣到狗狗的颈圈上，然后从挂钩上取下夹克。他打开门，回头看了看那三张沮丧的脸，说："我一拿到石片就和你们联系。"

兰妮对他笑了笑，让他放宽心。"小心点儿。"

"我不总是这样的表情吗？"听完赛勒的嘟囔，克鲁兹便关上了门。

克鲁兹和哈伯德乘电梯上到舰桥甲板。电梯门打开后，克鲁兹探出身来，先是朝舰桥的方向看了看，然后又看了看走廊尽头的目的地。走廊里空无一人。他俩从电梯里出来，迈着轻快的步伐穿过光线昏暗的图书馆。在椭圆形的观景台上，克鲁兹的目光从一排排架子上扫过，架子上面摆放着年代久远的各种航海仪器；然后他看向樱桃木墙壁，上面贴着破旧的航海图；接着他又看了看那堆棕色的皮革椅子和皮沙发——没有人在那里。大家可能都去看电影了，包括美洲虎。克鲁兹又检查了一下远处的小角落，确保没有其他人。

"一切安全，小哈。"他小声说道。

克鲁兹最后观察了一下他的身后，然后打开通往温室的玻璃门。温室里很暖和，混合着浓郁的花香和草药味。六个月的海上航行让数百棵幼苗变成了茂盛的丛林，马铃薯的卷须和豆类的爬藤缠绕在木格子上，旱金莲、天竺葵和草莓从吊篮边缘探出来。太阳能灯没有打开，克鲁兹只能靠着杆子上和天花板上的灯来寻找出路。他带着魅儿，如果真的有需要，还可以用魅儿。克鲁兹和哈伯德从各种植物旁经过，到达温室的中心，那里有几排桌子，上面摆满了一盘盘辣椒、西红柿、生菜和黄瓜。克鲁兹在拥挤的桌子间挪动，他的胳膊肘碰倒了一个圆形竹盆，里面种着迷迭香。当竹盆从桌子上掉落时，克鲁兹接住了它，然后把它放了回去。

克鲁兹到达玫瑰区，拐弯离开主路，然后走到盆栽所在的日光浴室的后面。克鲁兹走得很快，目光扫过一个个盆栽，寻找着任何黄色的物体。他们经过金橘、无花果、橙子等，每一种都被种在花盆里，每个花盆下面还有一个配套的石盘，用来盛水。在这一排最后一个花盆里，种着一棵枝繁叶茂的柠檬树，树上开满了花，结出的几十颗柠檬果散发出浓郁的气味。

"坐下，待在这里。"他对着哈伯德命令道。

克鲁兹把哈伯德狗绳上的环儿套在胳膊肘上，然后跪在这个花盆前，开始在黑色的土中翻找。他先在树的前部挖找，把土推到花盆的边缘，但什么都没找到。他又把土推

回原处，然后走到花盆的另一侧继续翻找。还是一无所获。他又检查了树干、树枝和绿油油的树叶，甚至还看了看树上结出的果实，以防美洲虎想出了什么新点子，决定把石片藏在柠檬里。可是他都没有找到。石片会在哪里呢？

或许是他挖的还不够深？克鲁兹刚要把手伸进土里再找一找，哈伯德突然警觉起来。它歪着脑袋看了看他们来时的路。

砰！

一个花盆掉到了地上，发出的声响把克鲁兹吓了一跳。温室里没有风，植物不会自己掉落。有人在这里！

如果克鲁兹对美洲虎的看法是错误的呢？如果那位探险家卧底并没有感到抱歉呢？如果他从来没打算把石片还给克鲁兹呢？

如果……

他的心狂跳不止。

……一切都是陷阱呢？

找到第七枚石片

美洲虎要么是一个很好的朋友，要么就是一个很糟糕的敌人。

兰妮的话萦绕在克鲁兹的耳边。

他手脚并用，在花盆间向后挪动，直到他的脚碰到玻璃墙。他把哈伯德拉到身边。这里其实没有足够的空间容纳他们两个，但是克鲁兹没有别的办法了。

"我现在走投无路了。"克鲁兹心想。

"趴下，"他小声对哈伯德说，"别出声。"

哈伯德照着做，把它的下巴搭在前爪上。

有声音！不知是谁发出来的，声音越来越大……

也越来越近……

"哎哟！"

叫喊声吓了克鲁兹一跳。

"小心那些刺，"一个男人说，"我建议种一些比玫瑰更能让人产生灵感的东西——如巨魔芋，但是克里斯托斯拒绝了我。"

是卢文教授！

"那不是'尸花'吗？"

这声音是……玛莉索姑姑？

"没错，"卢文教授回答，"它还是地球上最大、最稀有的花之一……"

"也是最臭的。"玛莉索姑姑插嘴说道。

克鲁兹十分庆幸地吐了口气。他未经允许就进来了，因此在他们离开前，最好还是别被发现。不过至少不是涅布拉的人，他还是安全的。

"所以我们才需要种一个，"卢文教授说，"巨魔芋的臭味闻上去像大蒜、腐烂的鱼和干酪混在一起的味道，利用它来告诉探险家们气味是如何与颜色和温度共同作用以吸引传粉昆虫的，是最好不过的办法了。"

玛莉索姑姑笑了，说："我侄子肯定会喜欢的。"

她说得没错。

"巨魔芋好多年才开一次花，花期只有几天。"卢文教授继续说。

"这件事上我投你一票，不过我怀疑你能否说服克里斯托斯，让他让出心爱的花园的一大片空间，"玛莉索姑姑说，"啊，是阿尔及利亚夏橙！"

克鲁兹能听到姑姑的凉鞋踩在石板上发出的声音。他看到树上露出了一个黑色的脑袋。糟了！他们正朝着他这边走来。克鲁兹尽可能地往下蹲。他的正前方出现了一双黑色的乐福鞋和一双红色的凉鞋。玛莉索姑姑和卢文教授离克鲁兹和哈伯德的藏身之处只有不到3米！

哈伯德露出了牙齿。如果它一叫，他俩就会被发现。

"安静，小哈。"克鲁兹嘘声说道。

卢文教授清了清嗓子，说："玛莉索，我一直想跟你谈一谈关于克鲁兹的事情。他在你班上表现好吗？"

"他是我最好的学生之一。怎么了？他在你的班上有什么问题吗？"姑姑问道。

"没有，不是那样的。他的成绩挺好的，只是……我不知道……他似乎和去年不一样了。其实没什么大不了的，"卢文教授继续说，"只是我总觉得哪里不太对劲儿。"

"我想，或许我能为你解惑。"姑姑说。

克鲁兹惊掉了下巴。他知道姑姑很欣赏卢文教授，但这并不意味着她可以告诉卢文教授寻找石片的事情。他就快要找全石片了，现在没时间再开始信任另一个人了。

别说出来，玛莉索姑姑。不要说出任何会……

"这件事不能告诉别人，"玛莉索姑姑说，"我说的事儿不能让探险家们知道。"

她就要这么做了！她就要把秘密泄露出来了！

"我向你保证。"卢文教授说。

"我感觉这像是'新兵症'。"玛莉索姑姑说。

"抱歉，"卢文教授答道，"'新兵'什么？"

是啊。"新兵"什么？

"新——兵——症，"玛莉索姑姑吐字清晰地又说了一遍，"通常会在每年的这个时候出现在新生身上。任务越来越重，期末考试也快要到了，他们想知道自己是否能通过考试，是否还会收到返校邀请函。当然，他们还担心'北极星奖'。"

"的确有很大的压力。"卢文教授赞同道。

"我们再给他们一些鼓励，就能帮助他们渡过最后的难关。"玛莉索姑姑说。

"我会尽我所能的，玛莉索。"

克鲁兹的右手开始感到刺痛。他慢慢抬起胳膊肘，使血液回流到手指上。

"记住，这是机密，"玛莉索姑姑说，"我们从来不在探险家们能听到的范围内使用'新兵症'这个词。不能再火上浇油了。"

"明白，"卢文教授说，"关于克鲁兹，我不是有意要令你担忧的……"

"没关系，我很高兴你说了出来。密切关注探险家们的身心健康是很重要的。十分严重的问题很罕见，但也会有。如果克鲁兹遇到了什么困难，我想我会知道的，不过你这么说了，我肯定要和他谈一谈，或是联系奈奥米……"

"那没有必要，"卢文教授说，"我原本不会说起这件事，只是我知道你和克鲁兹很亲近。你就像是他的母亲一样，不是吗？"

"不管怎么说，我是他最亲近的人。他太像他的妈妈了。彼得拉也是一个探险家，你知道的。她赢得了'北极星奖'，毕业时成绩名列前茅，然后又成了著名的遗传学家……"

"她确实是年轻人的好榜样。"

"但我不想让他去尝试。"玛莉索姑姑的语气很坚定，"克鲁兹需要听从自己的内心。我想他知道这一点。无论如何，我希望他知道。"

我知道，玛莉索姑姑。

克鲁兹听到她温柔地说："我真的很爱那个孩子。"

这点我也知道，玛莉索姑姑。

"天哪，没想到已经这么晚了，"玛莉索姑姑说，"谢谢你陪我逛公园，阿切尔。"

"乐意效劳。"

一切都安静了下来，克鲁兹又多等了几分钟。他敲了敲通信别针。"克鲁兹·科罗纳多呼叫卢亚米。"他轻声说道。

"亚米在这里。你找到……"

"怎么了？"赛勒插嘴问道，"你还好吗？我们正要上去找你呢。"

"我没事儿。"克鲁兹坐直身体，活动了一下手指，

说道，"其他都还好，就是快被挤扁了。"克鲁兹伸了一下脖子，把头转向左边，然后又转向右边，可以听到颈椎关节处咔嚓作响，"我要再多待一会儿。我还没找到石片。美洲虎一定把它埋得很深……"

克鲁兹停了下来。

克鲁兹发现柠檬树下的盘子里有很多光滑的灰色岩石，里面塞着一小块黑色的大理石。

悬浮在空中的球体闪现出一幅全息影像。

"嘿，小克鲁兹。"

"嘿，妈妈。"

"克鲁兹，你拿到第七枚石片了吗？"

"我……拿……拿到了！"

他想让自己的声音听起来更自信。

妈妈优雅地将她长长的金发披散到肩膀上，这次也一样。"我们开始吧。"克鲁兹小声对朋友们说道。他们都围在桌边——亚米坐在椅子上，兰妮和赛勒站在椅子后面。好吧，兰妮是站着不动的，赛勒在不停地晃动。克鲁兹伸出手臂，展开手指，露出掌心里的石片。他攥得太紧了，黑色的石片上都是他的汗水，闪闪发光。

克鲁兹试图在妈妈检查石片时保持不动，但这并不容易。他太紧张了，感觉手臂和头都很重。现在已经是晚上十点四十五分。克鲁兹筋疲力尽，他能从朋友们睡眼惺忪的神态和频繁的哈欠中看出来，他们和自己一样疲惫不堪。但是这件事必须做完。除非他们能确定石片是真的，否则没有人能睡得着。

妈妈抬起头来。克鲁兹的心脏开始狂跳。随着时间的推移，他心跳的速度越来越快……

"做得不错。这是真正的石片。你已经解锁了新的线索。"

"太好了！"克鲁兹握紧拳头，收回胳膊，但胳膊收回来的速度太快了，他的拳头不小心打到了自己的锁骨，导致他整个人失去了平衡，向后倒去。

兰妮和赛勒开心得手舞足蹈。

"嘿！"克鲁兹身下传来一个低沉的声音，"全息程序还在运行！"

克鲁兹跳起来。妈妈的身后出现了一幅街景。一开始出现的是一根高大的古老的路灯柱，路灯后面是一座大型建筑。这座三层楼高的建筑是由古老的米色石砖砌成的。第一层和第二层都有一长排长方形的窗户，顶层则有一个个独立的拱形天窗，看起来像一排倒置的"U"形。这座建筑几乎处处都装饰有浮雕：花朵、树叶、老鹰，还有卷轴。拱门（入口处）的上方有一些金色的大写字母，字母模糊不清。不过，克鲁兹还是毫不费力地就辨认出了妈妈头顶上方的巨大的字母"N"。这个"N"在一顶王冠下，和几把剑交错在一起，看起来像是一个徽章。大门两侧各有一对带基座的石柱。每个基座上都有一个黑色的小三角形，三角形的每一边都有一个指向上方的箭头。

克鲁兹正要伸手去拿他的平板电脑，就看见兰妮已经在录制视频了。

"要想找到最后一枚石片，就看一看我的周围，"妈妈说，"看得仔细一点儿。你需要知道的一切都在这里。"她往右走了几步，走到最近的基座旁。

"寻找那既吸引人又能提升人性的东西。它由石头、金属和玻璃构成，甚至还被写在了群星上。跟随那些充满好奇心又勇敢的探险家的脚步前行吧。只有这样，你才能解开最伟大的谜题。不要忘记你的根，孩子。祝你好运。"

"暂停程序。"克鲁兹命令道。他想仔细看一看大门上方的那些字。他眯着眼睛去辨认那些词。

"'卢浮宫……博物馆'。"

"是卢浮宫！"亚米惊呼道，"她站在卢浮宫的前面。"

"太棒了！"赛勒欢呼道，"我们要做的就是找出石片藏在博物馆的什么地方。"

他们开始研究这幅全息场景。

亚米指着那个徽章，说道："字母'N'代表拿破仑。"

"柱子上还有很多大写的字母'N'。"克鲁兹指出。

兰妮伸手去摸基座上的一个黑色三角形，她的手指穿过了全息影像。"看起来，建筑上的这些三角形是帮游客指路的。这些箭头是引导人们进去吗？"

"有道理，"赛勒说，"每个人都知道博物馆的大玻璃……"她转过身面对着克鲁兹。

"金字塔！"他们喊道。

"没错。"亚米开始列举线索，"吸引人和提升人性……由石头、金属和玻璃构成。她说的是卢浮宫正门入口处的玻璃金字塔。我们要在那里找出最后一枚石片。"

所有人都点了点头。

"继续程序。"克鲁兹指示道。

他们默默地看着全息影像消失。几秒钟后，球体恢复到扁平状态。克鲁兹从脖子上取下挂绳，把第七枚石片拼接在第六枚石片上。石片很容易就卡了上去。

兰妮把一只手放到克鲁兹的肩膀上，说："就剩最后一枚石片了。这太令人兴奋了！"

令人兴奋……也让人害怕。他想知道一旦石片拼接完整，妈妈打算让他做什么，这真让人伤脑筋。如果他无法完成最后的任务怎么办？如果她让他把所有石片交给一个人，而那个人又不在人世了怎么办？如果……

船舱里的灯光变暗了——他们睡觉的时间到了。他们互道了晚安。

"我们要去巴黎了！"女孩儿们冲向门口时，赛勒欢呼道，"谢天谢地，我们终于得到了一条简单的线索。"

克鲁兹盯着手心里那一大块几乎完整的圆形黑色大理石。

或许有点儿太简单了。

自毁程序

"**卢浮宫？**" 海托华博士坐在黑色的座椅上，像一只鹰一样出现在摄像头前，"真令人惊讶。我真没想到你母亲会把石片藏在那么热闹的地方。"

克鲁兹把他的平板电脑斜着摆放，以避开从舷窗照射进来的晨光。"您去过那里吗？"

"我去过很多次。当然，大部分人是去那里欣赏艺术品的，而我认为那里的建筑同样很吸引人。卢浮宫博物馆建于十二世纪，卢浮宫金字塔则是在二十世纪八十年代建的。它的几何线条堪称精湛，是古典与现代风格的结合。建筑师贝聿铭坚持要求窗户的玻璃应尽可能透明，当你透过透明的塔峰仰望天空时，就可以看到云朵从宫殿的屋顶上翻滚而过——那景象尤为壮观。"她喘了口气，继续说道，"或许石片就藏在窗格的边框里，或者是在大厅的螺旋台阶里。"她的眼睛闪闪发光，克鲁兹感觉如果海托华博士能和他们一起去寻找那枚石片，她会立刻行动起来。

"一切皆有可能。"克鲁兹说。他开始标记迄今为止他们发现石片的所有地方：全息投影仪、斯瓦尔巴群岛的种子库、约旦的佩特拉古城、纳米比亚的猎豹保育中心、印度的泰姬陵、尼泊尔的虎穴寺，还有中国的秦始皇兵马俑博物馆。

最让克鲁兹忧虑的是，每当他开始寻找石片时，总会担心石片是否还在妈妈存放它的地方。毕竟石片被存放至现在已经过去七年多了——这是一段很长的时间。那枚石片很可能早就不见了，或者早就被别人发现了。因此他越早去卢浮宫博物馆越好。"我们这周末能去吗？"克鲁兹恳求道。

学院院长转动了一下椅子，也许是在看另一台电脑。克鲁兹看到一个扇形钻石耳环来回摆动。他能听到敲击键盘的声音。"'神鹰号'几天后就会回到华盛顿特区，到下周晚些时候才会有安排，"海托华博士说，"让我看看……你们现在的位置是……"

"在阿根廷海。"克鲁兹说。

"没错。到星期天，你们就要开始你们的任务了……"

"真的吗？"他一说出口就后悔了，显得他太热情了。

她斜眼瞥了他一眼，说："你知道详细情况吗？"

克鲁兹摇了摇头。

海托华博士的嘴角微微上扬。"我想你会喜欢这个任务的。详细的情况会在近期向你们说明。好了，如果我们让'猎户座号'上的直升机把你们送到阿根廷的一个机场，'神鹰号'就能带你们去法国。考虑到转机和时差问题，如果你们周五一放学就出发，大概会在……周六中午到达巴黎。"

"周六……中午？"

"时间不多了，我知道。"

他们只有不到二十四小时的时间去找石片！

"我来安排行程。"海托华博士说，"我还会派一个人陪着你们去。"

克鲁兹举起一只手，说："没关系的，海托华博士，我们不需要……"

"不，你们需要。现在更需要。"她看着他，面色凝重地说着，"如果一切顺利，你们将会带着完整的石片回来。但这也是涅布拉出击的绝佳时机。因此，你们必须带上奈奥米或'猎户座号'上的一个安保人员，否则，你们就不能去……"

"奈奥米。"他干脆地答道。自从瓦迪康探员在冰岛攻击他们后，克鲁兹就对安保人员心存戒备。"我们希望奈奥米和我们一起去。"

"我会看一看她是否有空。"敲击键盘的声音更密了，"说到涅布拉，他们最近似乎很安静。"

"嗯——哼。"

"你们最近有关于他们的消息吗？"

克鲁兹不想撒谎，可是如果院长知道了最近的事态发展——普雷斯科特的威胁、雷温的警告，以及美洲虎的忏悔——她或许会坚持让他们带上一名安保人员去巴黎，而不是奈奥米。她甚至可能会认为，那太危险了，他们根本不能去。

"克鲁兹？"

"没有。"他说得很快，虽然这么说让他感觉很愧疚。

片刻的紧张过后，海托华博士向后靠在她那把巨大的黑色座椅上。她的肩膀松弛下来。她相信了他，但这只会让他感觉更糟。克鲁兹试图摆脱这种愧疚感。他还有另一件重要的事情需要讨论。"海托华博士，关于亚米的事情，是真的吗？一旦我完成任务，他就要离开学院了吗？"

"计划是这样的。"

克鲁兹从她生硬的语气中看出她并不想谈论此事，但克鲁兹知道这可能是他唯一的机会。他继续说："亚米是这里最棒的学生之一，您可以问任何一个人。我知道，他最开始并不是一个探险家，但他现在肯定是。如果库斯托队失去了他，就难以取得成功。亚米属于探险家学院。海托华博士，求求您了，不要让他离开。"

"你能这么为他人着想，我很欣赏。克鲁兹，真的。我会好好考虑的。关于你们的出行，奈奥米会和你联系的。一切小心，克鲁兹。最后一段旅程可能是最危险的，你一刻也不能放松警惕。"

"绝对不会。"他说道。

"祝你在巴黎好运。"

屏幕变暗了。

情况本来可以更好的。

克鲁兹的通信别针在振动。"方雄·奎尔斯呼叫克鲁兹·科罗纳多。你这会儿有空吗？"

"有，我在我的船舱里。"

"我马上到。"

一分钟后，克鲁兹为技术实验室主任开了门。主任的卷发被一条印有小海龟图案的绿色头巾绑到了脑后。她在牛仔裤和T恤衫外面系了一条围裙，围裙前面的口袋上有一个图形，图形下面写着：你很重要。

方雄快速扫视了一圈。"亚米……"

"他在帮兰妮做实验。他们可能在生物实验室或图书馆……"

"正好，我想和你单独谈谈。还记得那天早上你带着魅儿来做诊断吗？程序检测出异常，问我是否要把这个微型飞行器恢复到正常功能状态。当然，我的回答是肯定的，但当时你赶时间，而我也要帮助各个团队，为他们的任务做准备，忙得不可开交。直到今天早上，我才有机会看了一下完整的报告……"

"魅儿有什么问题吗？"

"没有，没有，它没事儿。"方雄把手放在头上，说，"我很庆幸你带它来做检查了，克鲁兹，因为如果你没有……"

"什么？"

"下次你用远程遥控联系魅儿时，你就会激活它的自毁程序。"

"你的意思是……"

"当你说完'魅儿，启动'三十秒后……"

"它就会在一团大火中爆炸吗？"

"差不多是一个小火球，不过结果都一样。它的电子器件会被烤焦，而且和其他机器人不同，我无法救它。"

克鲁兹惊呆了。他坐在床角。"我甚至都不知道魅儿有自毁模式。"

"这是最后的方式。万一它失控，你无法控制它或关闭它，你就可以在它飞行时摧毁它。这一点在用户手册中有说明。"方雄坐在他旁边，接着说，"除了你，还有谁知道魅儿的启动密码？"

"呃……没有了。"克鲁兹还没从震惊中缓过来。他上一次使用魅儿是在赫罗伊纳岛。如果那个时候魅儿爆炸了，他们队里可能就会有人受伤，或者更糟。

"我用黑客追踪程序运行数据日志时，得到了一些有趣的结果。"方雄解释道，"结果表明，没有发现安全漏洞，无法确定自毁命令来自哪里。可能有黑客找到了骗过我的程序的方法。要想比坏人抢先一步向来都是一个挑战。"

克鲁兹不需要问方雄为什么有人要破坏他的微型飞行器。魅儿曾数次救过克鲁兹。有人——可能是涅布拉的人——想要确保这个无人机再也无法这样做。

技术实验室主任看了看别在克鲁兹夹克上的蜂巢别针，说："你不是告诉我，是兰妮设计了这个微型飞行器的远程遥控程序吗？"

克鲁兹愣了一下，说："没错，但那是去年夏天的事了。我……呃……我在那之后就换了密码。即使兰妮知道密码，她也绝不会做任何伤害魅儿的事。"

"我不是在暗示她会这么做，"方雄说，"但是她可能在里面添加了一个程序，以便发生紧急情况时，能够绕开身份验证协议进行操控。"

"有秘密通道？"克鲁兹问道。他知道，在设计程序时，添加一个秘密通道是很常见的事情。他自己就这么做过几次。

"也许她在设计远程遥控程序时，把密码告诉了技术支持人员或老师。"方雄说。

"又或是有人偷走了密码，"克鲁兹说，"你知道的，从她的平板电脑上或是其他地方偷的。"

"有可能。"

"兰妮绝不会伤害魅儿，"克鲁兹再次强调，"也不会伤害我。我很庆幸一切都解决了。没有人受伤，魅儿也好好的。现在一切都没事儿了，对吧？"

"对。"但她显得有些烦躁不安。方雄不是容易烦躁的人。

"怎么了？"

"我……呃……有一些更糟糕的消息。"

"更……糟糕的？"

"我必须没收魅儿。"

"什么？"

"很抱歉，但我别无选择。学生手册第四章 C 部分第五段写得很清楚：探险家不得拥有易燃的装饰物或设备，哪怕是像魅儿这样小巧可爱、又能提供帮助的也不行。"她伸出手。

克鲁兹向后退了几步，说道："但是……但是……你给我的那个章鱼球，里面也有易燃剂。"

"那不是易燃剂，是一种暂时性的不可燃的麻醉剂。不过或许应该禁止使用。"她的手掌慢慢靠近，"抱歉，克鲁兹。"

克鲁兹带有保护意味地把手伸进右上方的口袋，问道："你会把它怎么样？"

"学校规定，所有易燃装置必须立即拆除并妥善处理，不过……"

"不行！"他飞快地跳下床。

一直在克鲁兹枕头上打盹儿的哈伯德猛地抬起头。方雄轻轻抚摸了它几下，它又趴了回去。

"学校规定，所有易燃装置必须立即拆除并妥善处理，"她重复道，"不过，我的确有别的想法。"

克鲁兹看着她，问："例如？"

"实际上，我要做这么几件事。首先，我会删除魅儿的自毁程序，这样它就不会被有意或无意地触发。然后，我把魅儿带去实验室的隔间——那儿的钢墙是经过加固的，在那儿给它做一个微型手术，移除它的开关、保险丝、电源，以及其他和自毁装置有关的部件。我非常确定，我做的这些不会损坏它的核心处理器。之后，我会置入一个生物识别安全协议，这样就只有我和你能控制这台无人机，对它进行诊断、上传新的操作口令了。最后，我会把魅儿还给你，在我的工作日志里不会有任何记录，我也不会告诉任何人我做了什么，希望你也能这么做，这样我就不会失去我在探险家学院的工作。毕竟这是一份我非常热爱且想继续做下去的工作。"她停下来长长地喘了口气，接着说，

"没关系，如果你不相信，就把真话仪拿出来，我会把刚才说的所有内容再说一遍。只要是我能记住的。"

方雄在说话的时候，双手把围裙前面的下摆攥成了一团。她的额头上出现了几道深深的皱纹，一双棕色的眼睛睁得大大的，一眨不眨地盯着他看。克鲁兹不需要真话仪就能看出来，方雄说的是实话。

"我相信你。"他小声说道。

方雄松开围裙，围裙搭在膝盖上，她用手抚平上面的褶皱。

克鲁兹什么话都没说，从衣领上取下蜂巢别针，然后打开夹克右上方的口袋，小心翼翼地从里面拿出魅儿。它比软糖豆还要轻，黄黑条纹相间的身体蜷成一个小小的 C 形，两只金色的眼睛暗淡无光。魅儿看上去非常脆弱。

"你说你非常确定做的任何事都不会伤害到它，"克鲁兹一边说，一边把手伸向方雄的手，"有多确定？"

"百分之九十。做这些事总会有一定的风险。"

"到时我会让你过来，不过你不来会更安全。"技术实验室主任把微型飞行器和远程遥控别针握在手里，说道，"做这些要花几个小时。"

"你能给我打电话……"

"我一完成就给你打电话。"

"谢谢你，方雄。"克鲁兹说，"对不起，我刚才太激动了。"

"没关系。弄明白谁值得信任从来都不是一件容易的事。即使有时候你认为你真的了解某些人，他们也可能会给你带来'惊喜'……"

　　他知道她指的是谁。范德维克博士。

　　"你从未想过你最亲近的人会背叛你。我从来没有想过，或许这就是她接近我的原因。她逐渐获得我的信任——一点一点、一天一天地——等待着给我一击。记住，克鲁兹，"她用那只空着的手包裹住握有魅儿的那只手，就好像握着一只精致的蝴蝶，"千万不要放松警惕。"

　　"我不会的。"他在这一天第二次向她保证。

　　克鲁兹把心思从魅儿的"手术"上转移开，为去巴黎做准备。他拿着平板电脑，躺在床上，开始研究卢浮宫，哈伯德趴在他身旁。海托华博士关于卢浮宫金字塔的说法是对的。它确实像一颗闪闪发光的大钻石。照片显示，在

卢浮宫金字塔的玻璃屋顶下，是一个巨大的大厅，里面有一个螺旋楼梯。或许卢浮宫金字塔里面还有另一个线索，可以让他们知道石片藏在哪里。卢浮宫太大了！有传闻说，一个人要花六个月的时间才能看完展出的所有艺术品。克鲁兹在那儿的时间只有不到一天，而且他的"宝藏"远没有一幅画那么大。克鲁兹感觉自己要焦虑了，连忙继续滑动屏幕。接下来介绍的是卢浮宫最先进的安保系统。每天参观卢浮宫的人很多，而卢浮宫金字塔是所有入口中最繁忙的一个，那里到处都是摄像头、传感器和警卫。克鲁兹把平板电脑推到一边。他知道必须弄清楚解决这些问题的方法，但不是现在——魅儿的命运悬而未决的时候。

克鲁兹的手在通信别针上方徘徊。虽然他不想打扰方雄，但是他非常想知道技术实验室那边的情况。方雄说她结束后会给他打电话。时间过得太慢了。

克鲁兹把双手放到屁股下，以免它们按下通信别针。

"嘿，克鲁兹！"杜根从门缝里探出头来，问道，"要去吃午饭吗？"

"呃……好。"他想这能让他忘掉那些烦心事。

克鲁兹勉强吃了几口辣牛肉卷饼，杜根吃完了酥皮馅饼，心情很好。他们吃完后，杜根去"洞穴"玩游戏，而克鲁兹则带着哈伯德溜达了一大圈儿。他们走遍了整艘船，最后停在哈伯德喜欢玩耍的草地上。现在整个船尾甲板都是他们的。克鲁兹正要把球扔向小狗，这时……

"方雄呼叫克鲁兹·科罗纳多。"

克鲁兹按下他的通信别针，说："我在！"终于！已经过去两小时二十四分了。"进展如何？它没事儿吧？你呢？大家都没事儿吧？"

"魅儿挺了过来，它胜利了。我也没事儿。你随时都可以来带走它。"

克鲁兹和哈伯德已经沿着走廊跑了过去。克鲁兹非常感激方雄，魅儿没事儿了，这让他几乎要忘了欺骗方雄的罪恶感。

几乎。

技术实验室主任问克鲁兹，兰妮是否知道魅儿的密码时，他回答说不知道。其实他说谎了，兰妮知道魅儿的密码。克鲁兹并没有像他声称的那样改了密码。虽然如此，但当他说他最好的朋友绝不会做任何伤害魅儿的事时，他非常真诚。克鲁兹毫无保留地相信兰妮。

他只希望这是真的。

最后的任务

周四早上，第一节课快下课的时候，克鲁兹一直在等的消息突然出现在他的平板电脑上。卢文教授一说下课，他就立刻冲出教室，飞快地跑到一层甲板，然后从班级顾问开着的房门走进去。"奈奥米？"

"等一下。"她走出浴室，嘴里咬着一条蓝色发带，双手正在编那一头姜黄色的长发。她熟练地把三缕头发编在一起，双手移动的速度堪比魔术师变魔术时双手移动的速度。奈奥米从嘴里取下发带，用手将其在头发上快速缠绕了几圈，辫子就被固定住了。她把辫子甩到肩膀后面，问道："你不是应该在上课吗？"

"你发消息说让我有时间就过来。我现在有十分钟的时间。"他看了一眼墙上的时钟，说道，"好吧，现在还剩八分钟……"

奈奥米咯咯地笑了出来，说道："你可以在午饭时间来。"

没错，可那样他就得冒着被别人偷听或打断的风险。课间只有十分钟的休息时间，探险家们通常都会待在第三层甲板上、休息室或餐厅里。

克鲁兹把门关上，说："我知道，但是……"

"我明白。"她走到桌子前，拿起她的平板电脑，说，"我拿到了我们的行程安排。安全起见，我想当面告诉你。罗哈斯船长要我们明天下午三点十五分到气象中心报到，三点半出发。这样一来，你们放学后的时间就不多了，要赶快跑回去拿装备，再去顶层甲板。我会让克里斯托斯主厨在餐厅给你们留一些水果和零食，你记得顺路去拿。另外，你能通知兰妮、亚米和赛勒吗？告诉他们，今天晚上就把东西收拾好，省得到最后匆匆忙忙的。哦，对，你还需要确保哈伯德……"

"方雄说她会照顾它。"

"好的。"她把目光转向角落，那里曾经放着哈伯德的床。

方雄和克鲁兹只要有空就会带着哈伯德去看她，但这当然还是和以前不一样。

"还有一件事，"奈奥米把平板电脑放到桌子上，说着，"我希望你明白，克鲁兹·科罗纳多，在这次旅行中，你和其他探险家无论如何都不能离开我的身边。"

"无论如何？要是我们不得不……"

"或许有特殊情况。到时候再说。你能向我保证你不会离开我吗？"

他举起一只手，说："我向你保证。"

"谢谢你。"她脸上的神情放松下来，"现在，快跑。"

"哈？"

她把头转向时钟，说："快跑！"

离第二节课还有两分钟！

"再见，奈奥米！"克鲁兹离开了，他沿着走廊跑向楼梯，一步两个台阶地冲向休息室，然后越过休息室里散乱摆放的脚凳。他摆动双臂，飞快地跑过楼梯间。克鲁兹感觉到一阵气流，他往左边看了一眼。兰妮正跑向他。她一定是从楼梯上下来的，可能是去了生物实验室。最近她把所有的空闲时间都花在了那里。克鲁兹称赞她的坚持不懈，尽管她在学说"树语"方面的实验进展得并不顺利。不过，如果有人能做到的话……

"我做到了，"他们并肩在走廊里跑时，兰妮气喘吁吁地说，"我和一棵树说话了！"

"嗯……啊！"

"哈哈！"她笑了。当克鲁兹放慢速度时，她趁机超过了他。

兰妮最先从拐角处溜进海牛教室。他俩瘫坐在座位上。克鲁兹的胸口上下起伏，他抬头看了一眼时钟，时间从九点十分走到了九点十一分。他们迟到了一分钟。教室前面，

玛莉索姑姑正轻轻敲着桌子，她的双唇抿成了一条直线。

"对不起，科罗纳多教授。"兰妮不好意思地说。

"对不起。"克鲁兹也附和道。

玛莉索姑姑略微点了点头，但克鲁兹知道这事儿没有结束。她会想办法提醒他，作为她的侄子，他必须遵守规则，上课的时候哪怕是迟到一秒都不行。

克鲁兹看到玛莉索姑姑的身后出现了一个全息岩石峭壁，上面有红色、橙色和白色的水平岩石带。"探险家们，在关于化石的那一单元我们讨论过叠覆律，你们还记得吗？是怎么说的？"

有一些人举起了手，包括兰妮和亚米。克鲁兹没有举手。他知道接下来会发生什么。他坐直身体等待着。玛莉索姑姑的目光正扫视着全班同学。正如克鲁兹所料，她的目光停留在他身上。"克鲁兹？"

"在未被破坏的岩石层中，最古老的岩石在底层，而最新的岩石在顶层。每层岩石都比下面那一层新，比上面那一层更古老。"他流畅地说道。

"正确。了解了这个，再加上现代的岩石年代测定法，我们就能绘制出地球的地质历史时间轴。你如果读完了指定的阅读材料，对此就不会感到陌生。"她往左边走了几步。岩石峭壁被一个巨大的地质年代刻度图表所取代，这个图表和他们书上的一样。"这里展示了地质年代单位：宙、代、纪、世……"

克鲁兹靠向兰妮，问："树木说了什么？"

"嘘。"

"树对你'嘘'了？"

"克鲁兹！"

他轻轻拍了拍自己的下巴，说："让我想想……我敢打赌它说的是'我在哪儿？在船上？你在开玩笑吧！帮我个忙，把我扔到最近的森林里，好吗？'"

兰妮咬着嘴唇。他知道她这是为了忍住不笑。

"我们现在要讲的重点是中生代，"姑姑正在讲课，"我们会仔细研究白垩纪、侏罗纪和三叠纪……"

"快点儿。"克鲁兹拽了拽兰妮的袖子，着急地说，"告诉我你是怎么让树跟你说话的。"

"好吧，好吧，我说，只要能让你闭嘴。"她小声说道，"我最近在读关于树木是如何利用它们的感官来保护自己的书。如果金合欢树被捕食者咬食，它们就迅速增加叶子中单宁的含量。它们还会往空气中释放乙烯气体，提醒附近的金合欢树木也这么做。我想，如果树木对触觉和嗅觉都很敏感，那么有可能对声音也很敏感。石川教授告诉我，研究表明，树根能感觉到水的振动，从而向水的方向生长。我在一项研究中发现，当树根感受到二百二十赫兹的声波时，它们就会发出噼啪声或咔嗒声。"于是我找到了对应二百二十赫兹的音调，然后录下了费利佩用小提琴拉出的这个音调的莫尔斯电码。我又用莫尔斯电码拼出一个简单的词语：你好。我在生物实验室里一天二十四个小时、一周七天地给幼苗们播放这个'你好'，但什么都没发生——直到今天早上，树根开始用莫尔斯电码的咔嗒声向我重复这个音乐问候语！"

"真的吗？"

"对。此外，所有的树木都在倾听，还有回应！"

克鲁兹惊呆了。"真是……令人难以置信。"

"我知道！方雄打算帮我制造一个设备，看一看我能否在真实的森林中实践我的实验成果。我相信树木也有一种可以教给我们的语言。"

教室里响起了热烈的掌声。克鲁兹和兰妮环顾四周。显然，他们错过了一个重要的通知。是什么呢？亚米的心情眼镜变成了蒲公英形状的黄色轮子，亚米看出了他们的困惑。"是我们的下一个任务！"他的声音盖过一片掌声，"我们要去巴塔哥尼亚寻找恐龙化石！"

现在他们明白了！克鲁兹和兰妮也加入进去，和其他人一起鼓掌欢呼。

"水喔！"赛勒用指关节敲了敲克鲁兹的指关节，说，"这是我们第一学年的最后一个任务了！"

克鲁兹兴奋的心情一下子就没了。这可能是库斯托队今年的最后一个任务，但对亚米来说，这或许是他在探险家学院的最后一个任务。要是赛勒知道全部的情况就好了。要是他们都知道就好了。

"让我们把这次任务做到最好！"亚米喊道。

克鲁兹不明白他的朋友怎么能这么乐观。亚米还没有像他们一样喜欢探险家学院吗？他不想回来吗？克鲁兹勉强挤出一个微笑，用自己的拳头碰了一下亚米的拳头。如果有人仔细观察亚米的心情眼镜，就能看到一串星星点点的透明小珠子漂浮在金色的液体中。这些小珠子很难看得到，但克鲁兹看到了。他非常了解他的室友，知道透明小水珠的出现是由于产生了非常强烈的情感，以至于没有任何颜色能与之相匹配。镜框后面，亚米的眼神中流露出让他的心情眼镜变成这样的原因：悲伤。克鲁兹的想法得到了证实。卢亚米最想要的就是留在探险家学院。

那天晚上，一系列"怎么才能"让克鲁兹睡不着：他怎么才能说服海托华博士，让亚米继续留在探险家学院？他怎么才能弄清楚美洲虎的真实身份？他怎么才能在偌大的博物馆，找到一枚小小的石片？

早上六点，亚米的闹钟传来树懒的叫声，克鲁兹还在盯着天花板。克鲁兹和亚米起床后，洗了澡、穿好衣服，然后收拾好行李。他们把行李放在门口，这样一放学就能来拿。上课的时候，克鲁兹一直心不在焉，直到贝内迪克特教授说"祝大家周末愉快，你们可以离开了"，克鲁兹才打起精神。

克鲁兹、亚米、兰妮和赛勒上完了今天的第六节课，他们离开教室，匆忙跑向下一层甲板，回到各自的船舱拿装备。亚米去卫生间的时候，克鲁兹从床下取出妈妈留给他的盒子。他打开盖子，里面装有他小时候的照片和妈妈写给他的生日信。他轻轻地把它们推到一旁，然后拿出创可贴、迷你订书机、尺子和一把小钥匙。虽然他不确定自己是否需要这些，但它们是盒子里除了几支普通的钢笔和铅笔外，他在找寻石片的时候仅剩的还没用过的东西了。克鲁兹把钥匙放进衣服前面右边的口袋，和魅儿放在一起，然后把创可贴、尺子和订书机塞进背包。

他的平板电脑响了。克鲁兹接通后，说："嘿，爸爸。"

"嘿，儿子。"克鲁兹可以看到爸爸脑袋后面的"高飞脚"仓库货架。考爱岛比"猎户座号"现在的时间晚了七个小时，现在爸爸才开始新的一天。"不会耽误你太久，克鲁兹，只是想祝你一路平安。这个拼图就剩下最后一块了！太令人激动了，不是吗？"

"呃……没错。"

"怎么了？"

"我……我无法解释，"克鲁兹结结巴巴地说，"我们得走了……"

"你还有时间。发生了什么事？"

他叹了口气，说道："在妈妈的线索中，她说我应该跟随一些探险家的脚步，可她没说是谁。如果我没弄明白怎么办？如果我们无法绕过卢浮宫金字塔的安保系统怎么办？"他诉说着心中的担忧，脉搏跳动的速度加快了，语速也越来越快。"我看到他们有最先进的安保系统。另外，我们只有不到一天的时间找石片。你知道卢浮宫有多大吗？"

"没关系，儿子，"爸爸打断他，"喘口气，克鲁兹。数三个数。"

克鲁兹深深吸了一大口气，数到三，然后用力呼出气体。

"这样就好多了，"爸爸说，"确实，二十四个小时并不长，但你在更短的时间里做过更多的事。到那儿之前你还有一段很长的飞行时间。你为什么不先通过虚拟影像参观一下博物馆呢？就从它的金字塔入口开始。这样你就有机会先慢慢地熟悉一遍。你可以看到所有的角落和缝隙，去找寻你妈妈提及的那些探险家。或许这条线索指的是一件艺术品。"

这个办法听起来不错。赛勒、兰妮、亚米很可能也希望加入这趟虚拟之旅。

"你对要去的地方越熟悉，就越能感到舒服自在，"爸爸继续说，"你越感觉舒服自在，引起别人怀疑的可能性就越小。还记得你刚开始学冲浪的时候我跟你说过的话吗？学习冲浪主要是学习……"

"控制情绪。"克鲁兹接着说。

"没错。保持冷静，把注意力集中到你眼前的事上。相信你的直觉。你妈妈知道你能胜任这项任务，克鲁兹。我也一样。"

这正是他想听到的。克鲁兹点了点头，感觉自己脉搏跳动的速度恢复了正常。

亚米从卫生间走了出来。

"我得走了，爸爸，"克鲁兹说，"谢谢你。下次再聊。"

"我爱你。"

"我也爱你。"克鲁兹挂断了电话。

下午三点三十一分，"学院一号"载着一名飞行员、一名班级顾问和四名探险家从"猎户座号"的直升机停机坪起飞。二十八分钟后，直升机降落在特雷利乌机场。他们一行人拿好行李，向罗哈斯机长道了谢，然后前往航站楼。这个机场不大，机场里面除了有咖啡摊和礼品店，还有克鲁兹在其他机场从未见到过的东西：恐龙！到处都是恐龙。玻璃柜里展示着恐龙的牙齿、骨头、蛋和粪化石。在一个霸王龙的窝里，甚至还有一个标准尺寸的霸王龙立体模型。游客们在展品前自拍。在行李领取处的传送带后面有一大面墙，墙上镶嵌着3D恐龙骨架（当然是假的）。克鲁兹特别喜欢这面墙。

奈奥米欣赏着这面墙。"你好，巴塔哥尼亚。"

"你的意思是'再见，巴塔哥尼亚'。"赛勒叹了口气，说道。她看向另一边，窗外的停机坪上，学院那架黑金相间的直升机正停在那里。

"我们会及时赶回来的，不耽误你们的化石任务。"奈奥米一边说，一边领着他们朝登机口走去。

"神鹰号"的空乘人员尼尔先生和布哈里女士在门口迎接他们，并帮助他们放行李。亚米坐在第一排靠窗的座位上，克鲁兹坐在他的旁边。赛勒和兰妮坐在过道另一侧的座位上。奈奥米坐在女孩们后面几排的座位上。克鲁兹系

好安全带，关上他的平板电脑，安顿好一切准备起飞。瓦达机长和约内斯库副机长从驾驶舱出来，短暂地露了个面，对他们表示欢迎。十五分钟后，他们就起飞了。克鲁兹闭上眼睛，告诉自己，只能休息几分钟，然后就要开始卢浮宫的虚拟之旅。飞机引擎的嗡嗡声、兰妮和赛勒的窃窃私语声，让他放松了下来。

"……所以，树木实际上是用莫尔斯电码回应了费利佩的小提琴声？太不可思议了。"赛勒说，"你完全有望获得北极星奖。"

"我想要一个奖杯。"兰妮说。

"抱歉，探险家学院没有奖杯，"赛勒回答，"因为学院认为，我们不需要闪闪发光的东西来证明自我价值。但是如果你赢得了北极星奖，你的名字会出现在水晶金字塔上。"

"水晶金字塔？"

"没错。从很久很久以前开始，北极星奖的得主就……哦，不！哦，不！"

克鲁兹听到赛勒的叫喊声，睁开了眼睛。

"尼尔先生？布哈里女士？"赛勒靠向过道，来回转动着她的头，"他们去哪儿了？瓦达机长！"她试图站起来，但她的安全带把她拉了回去。

"没事儿，赛勒。"克鲁兹向她伸出一只胳膊，说，"害怕很正常，特别是上次之后……"

"我不是害怕……啊！"赛勒试图解开安全带，"这个讨厌的东西。"

　　布哈里女士从机尾小跑过来，问道："一切都还好吗？"

　　奈奥米从她的座位上起身，说道："我想她是有些紧张。"

　　"不，不，不是！"赛勒十分生气地扯了一下安全带扣。终于解开了。她跳了起来，结果头撞到了上面的行李架。"哎哟！"她把一只手放到头上，说，"不对！我们误解了这个线索。我们犯了个错误！各位，我们走错路了！"

新的飞行计划

▶ **索恩** · 普雷斯科特坐在拱形玻璃大厅最后一排的最后一把椅子上，跷着二郎腿。他的座位在柱子后面，离戴高乐机场的大门有十多米远，克鲁兹和其他人随时会到达这里。

普雷斯科特剪了个板寸，还刮掉了下巴上的胡茬儿。他把牛仔靴换成一双黑色乐福鞋，把牛仔裤换成一条黑色西裤，把他最喜爱的夹克衫和棉质 T 恤衫换成了灰色夹克和白色的扣角领衬衫，还系了一条青蓝色的领带。他的脚边放着一个空的黑色公文包。普雷斯科特的重点是要看起来和其他的商务旅客没什么两样。但如果离得足够近，克鲁兹和亚米还是可能会认出他。

亚米按照指示把第七枚石片寄到涅布拉总部，石片立刻就被天鹅销毁了，亚米肯定认为他和他的朋友们安全了。他错了。狮子绝不会让任何人一走了之。他的命令很明确，不能让亚米、克鲁兹、还有和他们在一起的任何人离开法国。蝎子和科莫多龙已经在卢浮宫那里等着了，如果探险家们从普雷斯科特的眼皮子底下溜走，他俩就会在那儿进行拦截。普雷斯特科不想让这种事发生。

普雷斯科特仔细查看了这一区域。门口的桌子后面站着一个年轻女人，她留着一头长长的红棕色卷发，身穿一件蓝黑色格子背心，正戴着耳机讲话。他对面角落的座位上坐着一对身穿宝蓝色运动服的老夫妇。还有一对夫妇带着两个孩子在大厅的尽头玩耍，一个是五岁左右的男孩儿，另一个是两岁左右的小女孩儿，女孩棕色的头发上系着一条白色丝带。虽然没有什么异常情况，但普雷斯科特还是无法摆脱不安的感觉。当事情即将发生意想不到的转变时，他就会有这种感觉。

那个小女孩儿穿着一件粉色连体裤和一双紫色胶鞋，从巨型窗户的窗台边冲下来，两条胖乎乎的小短腿跑得飞快。她的鞋子穿反了。她的父亲站在她身后几步远的地方，看到了普雷斯科特脸上彬彬有礼的笑容，说道："我们几乎没法让她把鞋子脱掉，更别说给她换过来。"

那位父亲抱起了他的女儿，普雷斯科特便开始心不在焉地翻看手机上的照片。他突然抬起翻照片的拇指。是派珀！时间仿佛停止了。照片中的派珀正从黄色的塑料滑梯上滑下来，张开双臂，相信他会抓住她。

她穿着青色的独角鲸样式的外套，戴着毛茸茸的兜帽，帽子上有个金色的角。派珀很喜欢那件外套，不肯脱下来——甚至连睡觉的时候也不脱。奥布里和他会尝试着哄骗她脱下外套，但大多数时候他们都不得不等她睡着了再给她换上睡衣。派珀穿着她最喜欢的衣服从滑梯上滑下来的这一刻，是一个完美世界中、完美一天里的完美时刻。但是那个世界已经不复存在了。他拇指一挥，女儿就不见了。

"神鹰号"晚点了半个小时。

普雷斯科特又等了十五分钟，然后站起身，拿上公文包，朝大门口走去。"打扰一下，"他露出友善的目光，对那个穿着格子背心的女人说，"我本来是要接一架来自探险家学院的私人飞机，可现在已经晚点了四十五分钟了。"

"我可以帮您查一下，先生。"她开始在电脑上查找。

"找到了，上面显示这架飞机在昨天下午四点三十二分准时从阿根廷的特雷利乌起飞……"她皱起了眉头，说，"我没有看到任何关于更改路线的说明。啊，这里：它有了新的飞行计划。"

普雷斯科特皱了皱眉头，问："你是说这架飞机不会来巴黎了吗？"

"是的。"

"它飞去了哪里？"

"根据上面的显示，它飞往了华盛顿特区。"她对他露出一个友善的微笑。

普雷斯科特咬牙切齿地说道："飞机应该已经到那里了。"

找到第八枚石片

从车上下来后，克鲁兹立即抬头看向学院铁门上方刻在大理石上的文字：发现，创新，保护。

再次回到探险家学院总部，虽然这里变得有些不一样，但感觉还不错。去年十月，探险家们启航离开时，这里还是一片秋天的景象，如今已是春回大地，满眼新绿。樱花树正值花期，粉红色的花瓣在城市上空纷纷飘落。海托华博士也从车上下来，她迫切地想知道探险家们和他们的班级顾问为何突然改变了计划。

"线索……再……看看……线索。""神鹰号"飞越大西洋时，赛勒在飞机上气喘吁吁地说。

兰妮从背包里拿出她的平板电脑，递给赛勒。克鲁兹跪坐在过道上，亚米则站在女孩们的座椅后面。在赛勒播放视频时，他一直盯着她的电脑。和之前一样，画面中浮现出古老的路灯柱和卢浮宫的一座建筑。"要想找到最后一枚石片，就看一看我的周围，"克鲁兹的妈妈说，"看得仔细一点儿。你需要知道的一切都在这里。"

"线索一，"赛勒暂停了视频，说道，"她站在建筑上大写字母 N 的下面。"赛勒点击播放键继续播放。视频中，彼得拉·科罗纳多向右走了几步，停在一个支撑着一对柱子的石头基座旁。赛勒指了指石雕上的黑色三角形。

"线索二，'寻找那既吸引人又能提升人性的东西。它由石头、金属和玻璃构成，甚至还被写在了群星上。'"赛勒再次暂停视频，说，"由玻璃制成并被写在星星上？没错，她说的是金字塔，但不是卢浮宫的那个。"

"你是说北极星金字塔？"亚米插了一句。

"对！想想看，它位于图书馆的穹顶下，上面的彩绘看起来和学院成立当晚的夜空一模一样。另外，还有这个……"赛勒让视频继续播放。

"跟随那些充满好奇心又勇敢的探险家的脚步……"克鲁兹的妈妈继续说道，"只有这样，你才能解开最伟大的谜题。不要忘记你的根，孩子。祝你好运。"

"跟随探险家的脚步，"赛勒重复道，"还记得我们必须经过图书馆中的探险家雕像才能到达我们的教室吗？可以说，是他们带领我们获得北极星奖。各位，我们需要知道的一切都在这里。"赛勒摸了摸屏幕中建筑上的 N，然后手指向下滑动，停在那个黑色三角形上，说，"克鲁兹的妈妈让他回学院。"

克鲁兹立刻意识到赛勒是对的。他怎么能错过这么明显的信息呢？兰妮和亚米也点了点头。接下来，只有一种行动方案：改变路线。而这就是"神鹰号"改变航线的原因。

"时间紧迫。"海托华博士的话打断了克鲁兹的沉思。她看了看空荡荡的街道，现在时间还早，交通很顺畅。克鲁兹知道她很担心，他也一样，因为涅布拉的卧底随时随地可能出现。

克鲁兹抓起背包，和其他人一起急忙上楼。在学院入口处，海托华博士朝虹膜生物识别系统看了一下，门就打开了，他们依次进入一个光线昏暗的大厅。

看到学院空荡荡的，真不习惯，甚至有点儿毛骨悚然。克鲁兹已经习惯了学院的热闹景象。不过，用不了多久，所有探险家都会回来参加结业仪式，但现在连一个安保人员也看不到，这令克鲁兹感到惊讶，他本以为大厅里至少会有一名安保人员护送他们到图书馆。这里的一切有些不对劲儿。

路过前台时，克鲁兹冒出一身冷汗。他们会不会掉进了陷阱？他还有一枚石片要找。就剩一枚了！难道学院院长一直都假装支持他，只是为了现在把他交给布吕梅？一切皆有可能，每个人都可能很危险。但现在克鲁兹除了配合别无选择。

"打开走廊顶灯！"海托华博士一边说着，一边从拐角处走进宽阔的大理石走廊。两排灯光瞬间亮起。

克鲁兹走在后面，想要想明白下一步如何行动。赛勒注意到了他的举动，也跟着落后几步，疑惑地看了他一眼。

"保持警惕！"他小声说道，双眼紧盯着海托华博士的后背。

赛勒用力咽了口唾沫。

海托华博士在图书馆外的生物识别扫描仪前停了下来。她环顾四周，说："这里本应该有安保人员迎接我们，希望他们现在能快点儿派人过来。"

听到这儿，克鲁兹紧绷的神经放松了一点儿。

海托华博士敲了敲她的通信别针，说道："雷吉娜·海托华呼叫保卫队。"

"保卫队收到！"一位女士回答，"抱歉，海托华博士，我们今天人手不足，有一些通信问题需要处理。警卫霍尔特马上到。"

"谢谢，告诉霍尔特警卫到图书馆门口与我们会合。完毕！"

几分钟后，警卫到了。他虽然比学院院长矮，但很健壮，隔着制服也能看出他发达的肱二头肌和胸肌。霍尔特警卫带领他们经过生物识别检查站，进入图书馆。

"打开这里百分之三十的灯，一级亮度。"海托华博士命令道。

几秒钟后，大约三分之一的灯亮了。

兰妮看着圆形大厅和其中的五层书架，发出一声惊叹："哇！"

克鲁兹在第一次看到这令人印象深刻的大厅时，也是一样的感受！不过现在，他们没有时间细细参观。一行人静静地快速穿过一排排书架。学院院长走在霍尔特警卫身后，克鲁兹紧随其后，紧盯着院长长长的白大衣那飘逸的下摆。大家依次经过一些铜像：伽利略、麦哲伦、刘易斯……克鲁兹走到达尔文的铜像旁，看到书架中间透出一丝光亮。他转过弯，展现在眼前的是一座近2米高的水晶金字塔，其底座散发着的白光把整个金字塔照得闪闪发光。

"这个地方真是惊喜连连！"兰妮站到克鲁兹身旁，轻声说道。

她此刻什么都不知道！等将来某一天，一切危险都解除了，克鲁兹就会告诉她发生在她脚下的合成部和档案馆的事情！

海托华博士扭过头，说："这里交给你们了，探险家们！尽量不要破坏它。"

克鲁兹把背包扔到地板上，小队其他三人也把背包扔过去。在飞机上，他们已经计划好了：大家分头寻找锁、按钮、旋涡状物体、徽章、缝隙——任何可能打开秘密入口或抽屉的东西。

克鲁兹向水晶金字塔的正面走去，赛勒去往右边，兰妮走向左边，亚米走到背面。克鲁兹靠近查看，没有在水晶金字塔中发现任何裂缝、瑕疵或气泡——甚至连指纹都没有。灯光掩映下，他看不清金字塔内部的底面，但它似乎也是由水晶制成的。克鲁兹所在的这一面上有一块齐腰高的金属牌，上面刻着：

北极星荣誉墙，建于 1898 年 5 月 7 日。
早在指南针被发明出来的几个世纪前，探险

家们就能通过北极星的指引找到正北方的道路。这个天上的"灯塔"指引开拓者前往遥远的地域，带领航海者穿越广阔的大海，让疲惫的旅人找到回家的路。每个班级都会有一名探险家被授予北极星奖，以对其引领他人的表现给予认可。宇宙中的"星星"提醒着我们，对于那些乐于奉献的人来说，未来是光明且无限的。

金属牌下面刻着历年北极星奖获奖者的名单，名单一直延伸到金字塔的其他几面。克鲁兹摸了摸金牌的边缘，想要找到缝隙，但它被紧紧固定在金字塔上。克鲁兹又从金字塔左下角开始，沿着斜边向上摸，直到顶端，然后再从另一边摸下来。所有的连接处都很牢固。

"我什么也没找到，"赛勒喊道，"你们呢？"

克鲁兹后退几步，说："没有。"

"我也没有。"兰妮说。

"嘿，我找到了我爸爸，"亚米喊道，"我是说他的名字。"听到这儿，大家都来到金字塔的背面。这一面的玻璃上刻着：亚历山大·乔纳森·卢。

大家齐齐叹了口气。克鲁兹知道，他的朋友们此刻正在想象他们的名字要是能被刻在水晶上会是什么样子。他也一样。克鲁兹开始寻找另一个名字，它可能就在卢博士的名字附近。

兰妮发现了！它与亚米父亲的名字在同一排，大家都转过去看。

彼得拉·亚历山德里娅·塞巴斯蒂安

克鲁兹的指尖轻轻抚过这些大写字母。

"呜呜——呜呜——呜呜——"

突然，警报声响彻图书馆。克鲁兹并没有看到烟雾，也没有闻到烟味。海托华博士和奈奥米立即赶来。

"我们这里可能存在安全漏洞，"海托华博士喊道，"也可能是你们触发了一个我不知道的和奖项有关的警报……"

刺耳的声音戛然而止。

霍尔特警卫站在拐角处看向这里，说道："看来，图书馆的某个入口存在传感器故障，但我还没来得及找到故障位置，我的通信连接就断开了。"

海托华博士试图呼叫其他安保人员，但她的连接也断了。"我们最好亲自去检查一下，"她说，"也许只是虚惊一场，也许不是。我和你一起去，霍尔特。奈奥米，你能留在……"

"我们不会有事的。"奈奥米说。克鲁兹发现她还对学院院长眨了眨眼。

海托华博士和霍尔特警卫离开了，他们的身影消失在书架后方。

"如果涅布拉侵入了大楼的安保系统，那他们随时可能出现。" 亚米的心情眼镜变暗了，"我们必须尽快找到石片。"

兰妮用手缠绕着一缕银发，说道："我们从上到下搜遍了金字塔，遗漏了什么呢？"

"跟随那些充满好奇心又勇敢的探险家的脚步，"亚米说，"附言中还提到，让克鲁兹不要忘记他的根。"

"这一定有什么含义。"赛勒说。

到目前为止，他们都明白最好不要忽略看起来不起眼的事情，这些往往在最后会成为最有意义的线索。"我的根吗？"克鲁兹自言自语道，"那就是我的爸爸、玛莉索姑姑和我的祖父母……"克鲁兹眯着眼睛，看向他的朋友们。

海托华博士一定是为了处理传感器问题才打开了所有的灯。但过了一会儿，克鲁兹才发现那光亮并不是从头顶照下来的，而是从下面。金字塔底部的光正在变亮。

越来越亮！

越来越亮！

赛勒用手遮住眼睛，说："我觉得北极星金字塔快要爆炸了！"

"所有人，退后！"奈奥米命令道，"不要直视光线！"

克鲁兹听到了她的命令，但他的视线却无法从光亮处移开，哪怕眼睛已经开始流泪了。就在他以为自己下一秒就忍不了的时候，光突然消失了。直视强光后，他眼前出现一堆黑斑，他使劲儿眨了好一会儿眼睛，黑斑才消失，然后他看到金字塔内有白色烟雾缓缓升起。妈妈的名字在他身旁发出蓝色的光芒！

兰妮眨着眼睛靠了过来，问："是我的错觉吗？还是真的有些字母比其他字母亮？"

她说得没错！

"P-R-E-S-S，"克鲁兹将提示的线索拼读出来，"按！但它怎么知道……"

"当你触摸你妈妈的名字时，一定激活了上面的生物指纹 ID。"亚米总结道。

赛勒用手肘捣了捣克鲁兹，说着："快点儿，别让我们着急了！"

克鲁兹将三根冰冷的手指放到妈妈的名字上。"好了！"他轻轻推了推玻璃，期待着会有一个抽屉弹出来。然而并没有。接着他的脚下一阵颤动。下一秒，金字塔的一面开始整体向上滑动！三角形的水晶玻璃板向上移动了大约 1 米，然后停了下来。淡淡的烟雾飘荡在这个玻璃结构中。

"我的脑子要炸了！"兰妮低声说。

克鲁兹在金字塔的梯形入口前弯下腰，赛勒也走上前来。

"小心点儿，赛勒！"亚米警告说，"这是为克鲁兹准备的。如果程序认为入侵者正试图获得访问权限，它可能会关闭。"

赛勒赶紧后退几步。

克鲁兹将一只手伸进入口，紧张地等待了几秒钟才收回手，OS 手环报告里面没有毒素。克鲁兹看了大家一眼后，爬进了金字塔。

刚进去时，迷雾重重，他看不太清楚。越往里爬，一切变得越清晰。雾气慢慢飘到金字塔的墙壁上，外面的人很难看清里面的情况，克鲁兹也无法看到外面的情况。这

是故意设计的吗？他向金字塔中央爬去。地板上印着一个由磨砂材质和镜面材质的小方格组成的大棋盘。克鲁兹在棋盘边缘停了下来，手指碰到了其中一个磨砂方格。突然，他手指所在的地方，出现了一颗全息3D黑色棋子。这时，棋盘前三行的每个磨砂方格上都开始出现黑色棋子。同样地，后三行的磨砂方格上出现了十二颗白色棋子。棋盘中间则空下了整整两行，没有任何棋子。啊，原来是国际跳棋！在克鲁兹的膝盖附近出现了一句话，仿佛是由一只看不见的手写的：该你了！

克鲁兹四岁时，妈妈曾教他下跳棋。嗯，至少她尝试过。但克鲁兹并不按规则移动棋子，而是拿棋子建造堡垒。他们的"跳棋"就是这么玩儿的。从那时起，他们"下跳棋"就是拿棋子建造城堡、桥梁和塔楼，造完后，克鲁兹就会把它们推倒。

但是现在他应该怎么做呢？是按照下跳棋的正确方式玩，还是按照他们自己的方式呢？他的直觉告诉他应该按照建造堡垒的方式，但如果他错了……

克鲁兹选了自己这边的一颗黑色棋子，把它小心翼翼地放在妈妈那边前排的一颗白色棋子上。什么都没发生！两颗棋子静静地待在那里。他正要怀疑自己是不是选错了的时候，一颗白色的棋子飘上来落在了他的黑子上。选对了！克鲁兹又拿了一颗黑子放到白子上，妈妈也取了白子放到黑子上。就这样，他们完成了一座较高塔的建设。接下来，他们又一起建造了三座类似的塔，构成堡垒的四个角。在四座高塔之间，他们又建造了四座小塔。这下，他们都没有棋子了。这时，克鲁兹的膝盖附近出现了一行潦草的字：完成这个游戏！

接下来，妈妈是不是让他像小时候那样玩儿呢？

克鲁兹盯着棋盘，时间一分一秒地过去。他知道他需要做出决定，但如果做错了怎么办？克鲁兹深吸了一口气，手一挥，就将刚刚搭建的堡垒推倒了。黑子和白子散落在棋盘上。

一条新消息出现了：谢谢你的参与，小克鲁兹！

他做对了！

"我很乐意，妈妈。"克鲁兹看着消息和跳棋轻声说道。

最后一颗棋子刚一消失，克鲁兹就听到嗖嗖的响声，是从棋盘上传出来的！棋盘中央的一个镜面方块缓缓升起，它下面有一个立方体——一个真正的立方体。这个实心方块在棋盘上方约15厘米处停了下来。克鲁兹看见方块的正立面有一个小钥匙孔。这是一个盒子！

克鲁兹摸索着拿出口袋里的金钥匙。他的手颤抖得厉害，他试了好几次才把钥匙塞进锁孔里。他转动钥匙，听到咔嚓一声，盒子顶部微微弹起。克鲁兹的心怦怦直跳，他把盒盖又打开了些。

克鲁兹默默祈祷：拜托，一定要在这里！

他使劲儿往里看，在盒子里仔细寻找，发现一块黑色石片在盒子角落里静静躺着。正是第八枚石片！

克鲁兹伸手取出石片，刚拿出石片，盒子就开始缓缓下沉。克鲁兹在盒子降回到地面前赶紧合上盒盖。当盒子不再移动时，它看起来和棋盘上的其他镜面方块毫无区别。克鲁兹取下脖子上的挂绳，双手颤抖地将这枚石片卡在第七枚和第一枚之间——它们完美地契合在了一起。

克鲁兹长长地叹了一口气，八枚石片全部集齐了！剩下的任务就是听从妈妈的指示，将它们送给某个人或送到某个地方。最有可能送给的人是法洛菲尔德博士。当然，也有可能是克鲁兹认识的其他人，如约约齐博士……

"这地方不错嘛！我这个潜艇驾驶员也觉得很不错呢！"

克鲁兹握紧石片。不用转身，他都知道说话的人是谁。也知道他为什么会在这里。

最后的线索

克鲁兹刚解开衣领，把挂绳放进去，就被特里普往后拽了几步。他听到了衣服撕裂的声音。

"有件事我很想知道，"特里普·斯卡拉托斯在克鲁兹的耳边小声说道，"你是怎么从塌方事故中幸存下来的？你是什么人，魔法师吗？"

"我们差点儿没能逃出来。"克鲁兹十分愤怒地说道，"你懂科学的话就不需要会魔法了。"克鲁兹的大脑像龙卷风一样快速转动着。奈奥米绝不会不加阻止就让特里普进入金字塔，她至少也会警告一下他。外面到底发生了什么？大家都在哪儿？

特里普抓得更紧了。"把石片交出来！"

"我……呃……我没有，"克鲁兹快要窒息了，制服的前领紧紧勒住了他的脖子，"我还没拿到。我要玩个游戏才能得到它。看到地上的棋盘了吗？"

特里普把他扔了出去，克鲁兹趁机跑到棋盘的另一边。克鲁兹已经有六个月没有见过"猎户座号"上的这位前潜艇驾驶员了。他看起来没什么变化——或许瘦了一点儿。他的衣服褪色了，还皱皱巴巴的。不过他的胡子是新长出来的，手里拿着的那把闪闪发光的猎刀也是新的。

"继续，"特里普大声吼道，"玩这个游戏！"

"我……呃……要等程序开始。"克鲁兹知道他必须拖延时间，等待援军到来——如果有援军的话。"我还是不敢相信，我曾经那么尊敬你。"

特里普自夸道："我教过你如何驾驶潜艇，不是吗？"

"那只是为了获取我的信任。"克鲁兹把手慢慢伸向他的口袋。如果他能抓到章鱼球……

"喂——喂。"特里普挥动着手里的猎刀，说道，"把手放到我能看见的地方。"

克鲁兹不情愿地把双手放到大腿上。

特里普皱起眉头，问："怎么要这么久？"

"我不知道。"

"我觉得你知道。嗯，只剩最后一枚石片了，你先把其余的石片给我，我知道你戴着呢。那个女生跟我们说了你的生物力场盾的事情。"

"力……力场盾？我不知道你在说什么……"

特里普突然扑向克鲁兹。他用一只手用力抓起克鲁兹肩膀上的衣服布料。克鲁兹感觉刀尖抵住了他的喉咙。"你这么喜欢科学，那我就来给你讲一讲，"特里普啐了一口唾沫，说道，"生物力场盾依赖于人体的生物电磁信号。你知道这意味着什么，对吧？意味着一旦你死了，你的生物力场盾也会随之消失，这场游戏就结束了。"

克鲁兹感到一阵恐惧。特里普说得没错。克鲁兹等不到他的再生细胞修复好伤口，就会因失血过多而死。到那个时候，他的生物力场盾就会瓦解，特里普就能偷走石片——完整的石片。

任何问题都有解决的办法——勒格朗先生不是说过吗？"难就难在能否控制住你的情绪，直到找出解决办法。"

他还听到了爸爸的声音："控制好你的情绪，克鲁兹。"

克鲁兹告诉自己：保持冷静，深呼吸，认真想一想。

特里普右手拿着刀，左手抓住克鲁兹的衣服。要是能和特里普缠在一起，或许克鲁兹就能脱身。他必须快，还要够大胆、够果断。他必须采取行动……

就是现在！

克鲁兹在刀尖下猛地转身，从特里普的左臂下钻了出去，跑到这位前潜艇驾驶员的背后，然后用双拳猛击特里普的后背。特里普失去了重心，摔倒在地，手里的刀也滑了出去。克鲁兹趁他站起身前，朝金字塔的入口处飞奔过去。他刚跑到一半，特里普就抓住了他的脚踝，把他用力往后拉。克鲁兹扑通一声摔在地上，磕到了下巴。他伸出胳膊，抓住水晶金字塔入口的两边，那位置又尖又滑，克鲁兹拼命蹬腿，但似乎仍无法把特里普甩掉。虽然克鲁兹用尽全力紧紧抓住入口的两边，但是他能感觉到自己的双手快抓不住了，他就要被拉回去了！

就在他以为自己再也无法抓住的时候，一只手抓住了他的左手腕。接着又一只手抓住了他的右手腕。克鲁兹努力抬起头。

是兰妮！

她俯身朝他靠近。

"抓紧我！"

克鲁兹松开金字塔入口的边缘，抓住兰妮。她开始用力拉克鲁兹。

"大家都……在哪儿？"克鲁兹一边问，一边试图把特里普踢开。

"被锁在了……储藏室。"

"你逃了出来？"

兰妮表情痛苦地说："我们能不能……晚点儿……再讨论这个？"

"对不起。"

克鲁兹听到他手腕和肩膀上的骨头嘎嘣作响。兰妮脖子上的青筋凸起，指关节发白。虽然她竭尽全力，但还是没能成功。克鲁兹感觉自己也快没有力气了。他抬头看向她的眼睛。"放开我吧，兰妮，"他喊道，"关上金字塔……你们就安全了。"

兰妮的脚跟用力往下踩，让身体的重心下沉。"你会被困在里面的……和他一起。"

"这是唯一的办法了。"

"不行！"

"你必须这么做！"

"不行！"

克鲁兹突然滑了出去。他出来了！

这股冲击力使兰妮往后退了好几米。她一屁股坐到了地上。"克鲁兹，快关门！"

克鲁兹转过身，伸手去点妈妈的名字，但他的手撞到了水晶玻璃的底部。对了，门滑上去了，妈妈名字所在的位置现在变高了。特里普找到了自己的猎刀，朝门口爬过来。他嘴上流着血，眼里满是恨意。

"快点儿！"兰妮大喊道。

克鲁兹摇摇晃晃地站了起来。他抬起胳膊，在妈妈的名字上点了一下，三角形的玻璃开始往下滑。

"啊——"特里普尖叫一声，用力扔出他的猎刀。猎刀犹如一支离弦的箭，穿过水晶金字塔的入口，朝着克鲁兹飞了过来。克鲁兹连忙弯下腰，刀从他头顶呼啸而过。兰妮仰面摔倒在地。猎刀从她上面飞过，插进一旁的书架。巨大的冲击力使得刀柄来回摆动。

"你永远都逃不出涅布拉的手掌心，"特里普咆哮道，"布吕梅是……"

他还没说完，玻璃门就关上了。

克鲁兹跌跌撞撞地走向兰妮，仰面朝天地瘫倒在她身边。

"你……还好吗？"他喘着粗气问道。

"嗯……你呢？"

"嗯——哼。"克鲁兹揉了揉两个酸痛的手腕，说，"我觉得我的胳膊……长长了几十厘米。"

兰妮虚弱地笑了笑，说道："不过你拿到了，对吗？告诉我你拿到了。"

克鲁兹把一只手放到起伏的胸膛上，说："我拿到了。"

他们在那里躺了几分钟。兰妮看着金字塔，说道："那里面估计没多少氧气了。我们得找个安保人员把他弄出来，然后逮捕他。"

不出所料。兰妮不愿看到任何人受苦，哪怕是坏人。

"我希望海托华博士不会太生气，"兰妮说，"严格来说，我们没有破坏金字塔，但是……"

"兰妮？"

"嗯？"

"谢谢你没有放手。"

她转向他，说道："永远都不会。"

"我和兰妮把特里普锁在金字塔里，然后把大家从储藏室里救了出来。"克鲁兹坐在学院院长的客厅里，向爸爸讲述早晨发生的事情。亚米、赛勒、兰妮、奈奥米，还有海托华博士围绕在他身边——所有人都试图越过他的肩膀，"挤进"摄像头的画面里。"事实证明，这部分比我们想象的困难得多，"他继续说，"特里普把一块金属塞进了扫描仪，门无法正常打开，我们让魅儿帮忙才打开了门。"

爸爸摇了摇头，说："太考验人了！"

"这显然不是我想让事情发展的方向，"海托华博士说，

"我承担全部责任。科罗纳多先生……"

"涅布拉很可怕，"克鲁兹的爸爸打断她，说，"到处都有他们的耳目。在我看来，你们都没有受伤，也没发生更糟糕的事，还把特里普送进了监狱，这就是一种胜利。"

所有人都表示同意，海托华博士感激地朝他们笑了笑。

"不过，我确实有个问题，"克鲁兹的爸爸说，"兰妮，你是怎么从储藏室逃出来的？"

"这很简单。"她耸了耸肩，说道，"我就没有进去。特里普一出现，我就赶紧躲了起来。我知道他在找赛勒和亚米，而他从没见过我。我看见他把所有人赶进了里面的房间后，试图联系保安。不幸的是，我用不了我的通信别针。特里普切断了所有的通信途径。"

这时，海托华博士的电话响了。"我去接个电话。"她说，"是我的安保队，抱歉。"她到一个安静的地方去接电话了。

"我们跟她说我们在以前住的宿舍里过夜就行，但她坚持要我们来，和她待在一起，"赛勒说，"海托华博士说待在那里不安全。"

"她说得没错，"奈奥米插嘴道，"涅布拉知道你们在华盛顿特区，而且现在他们肯定也知道了你们干掉了他们的一个卧底。"

"你们把配方越快送到目的地越好。"克鲁兹的爸爸说。

克鲁兹轻轻拍了拍夹克左上方的口袋，里面放着全息影像日记。他迫不及待地想要打开它！但现在还不是时候。

海托华博士回来后，坚持要他们吃午饭。现在快两点了，他们只在飞机上吃了早饭，之后就再没吃过东西。他们跟克鲁兹的爸爸道了别，然后就走进厨房。兰妮和赛勒帮着海托华博士烤汉堡肉饼，奈奥米开始做水果沙拉，而克鲁兹和亚米要准备好炸薯条用的土豆。

克鲁兹在水池边削着土豆。亚米站在他旁边，等着把土豆放进切片机。"特里普在金字塔里说了一些事情，"克鲁兹小声地说，"他知道生物力场盾的事。"

"他怎么知道的？"

"他说是一个女生告诉涅布拉的。"

"女的？"亚米皱了皱眉头，问道，"斑马吗？"

"我觉得不是。"克鲁兹削掉土豆上的最后一块皮，然后把它递给亚米，说，"我们当时都不知道生物力场盾的事情。范德维克博士也是在试图从我脖子上抓走石片时才知道的。但在那之后，你知道的，她就……她肯定没有时间告诉其他人。"

亚米把土豆放到切片机上，说："那就只剩下我们知道的另一个涅布拉的卧底，她现在还在'猎户座号'上。"

他们对看一眼。

是美洲虎！那个探险家卧底是个女生。

"亚米！"兰妮惊呼道。她正站在烤架旁，手里拿着一个生的汉堡肉饼。"你的眼镜！"

心情眼镜上出现了一束花，定格在绽放的瞬间。

"你们俩在聊什么呢？"赛勒好奇地问道。

"还能聊什么？"亚米回答，"食物！"他按下切片机的手柄，一把生土豆条滑到了盘子里。

吃完午饭，探险家们聚在海托华博士家的客厅里，准备打开全息影像日记。海托华博士和奈奥米要去花园里散散步，讨论学院的事务。克鲁兹知道这是为了给他们空间。他很感激。海托华博士承诺过，她会一直支持克鲁兹完成任务，并且不会加以干涉。即使是现在，就在她自己的家里，她依然遵守承诺。

克鲁兹和亚米、兰妮、赛勒在咖啡桌旁围成一个半圆形，然后激活了日记。兰妮将平板电脑上的摄像头对准了全息影像，以便录下所有内容。克鲁兹根据提示，向妈妈展示第八枚石片。等待妈妈确认石片真伪的过程总是令人十分紧张，不过这是最后一次了——这就更令人紧张了。在经历了地球上最漫长的一分钟后，妈妈说道："做得不错。这是一枚真品。"

探险家们吁了一口气。

"祝贺你，克鲁兹，"妈妈说，"我知道，走到今天这一步，一定需要勇气、毅力和牺牲精神。我真为你骄傲。真希望我能亲自跟你说这些。"

克鲁兹面露微笑，说道："谢谢。"

"我还要很高兴地告诉你，你已经解锁了最后的线索。"妈妈说。

克鲁兹的笑容消失了。"最后的线……线索？"他结结巴巴地问。他没有想到还得再解开一个谜题。他看到大家的脸上都露出了震惊的表情。他们也没有想到。

"你即将开始执行最后的任务，"妈妈继续说道，"这个任务难度很大。你必须愿意前往少有人去的地方。你必须准备好面对意想不到的事情。你能做到吗？你愿意吗？"

尽管克鲁兹感到十分震惊，但他还是没有犹豫地说道："是的，妈妈。我能做到……我愿意。"

她正在仔细审视他。这个全息投影程序能检测行为方面的"真相"吗？就和方雄发明的真话仪一样，能评估脉搏跳动频率、血压高低、呼吸频率和肢体语言发生的变化吗？如果真的是这样，那她就会发现他说的都是实话。克鲁兹做出承诺时是真诚的。他会不惜一切代价去完成任务。他不会让她失望的。

"很好，"她似乎放松了下来，说道，"克鲁兹，一旦你把第八枚石片拼接到其他七枚石片上，你就会激活一连串的……一连串的……"

程序卡住了，画面断断续续的。

"妈妈？"克鲁兹本能地伸出手，他的手穿过了破碎的影像。

"……在一个充满高科技的世界里，速度缓慢、效率低下。”全息影像跳到了前面，“现在，这是唯一的方法，我必须……没有一个人有……信息。”

“妈妈，等一等！暂停程序！”

影像里又突然响起声音：“……到达你……你必须破译……去解锁……目的地……有什么问题吗？”

“是的，妈妈，我有问题！”

“试着倒回去看一看。”亚米建议道。

“回放视频！”克鲁兹惊慌失措地喊道。

“谢谢你，小克鲁兹，”妈妈说，她好像没有听到他说的话，“我将永远感激你，和爱你。”

“暂停！回放！停止程序！”克鲁兹把他能想到的指令都喊了一遍，但妈妈的影像已经开始慢慢消逝。

“日记结束，”她说，“启动序列 π、α、γ、1、1、2、9。”

最后一帧影像消失了。克鲁兹站在那里，呆住了。他的大脑一片空白。

“别担心，”兰妮说，“我们断掉电源，几分钟后重启，然后再从头看。我相信它会没事儿的。”

“可能就是个小故障。”赛勒说。

“或是球体里有灰尘。”亚米说。

如果悬浮在空中的球体能自行解体，并像往常一样恢复到扁平状态，那么他们的话还能让克鲁兹感到一丝宽慰。然而事实并非如此。只见白色的球体开始旋转，一开始很慢，然后越转越快。同时，球体顶上开始喷射出彩色的烟花！探险家们倒抽了一口气，呆呆地看着五颜六色的火花照亮了海托华博士家的拱形天花板。这场"烟花表演"持续了不到十秒钟，然后，这个多角球体冒出一股巨大的烟雾，噗！

日记消失了——完完全全、永远地消失了。

更换队友

"接下来要做什么？"

透过"猎户座号"的观测甲板，克鲁兹抬头望着暗无星月的天空，回答布兰迪丝："我不知道。"

"不能把石片交给法洛菲尔德博士吗？"

"可以。也可以给别人……"

"哎呀，我明白你担心的事了。你得找个信得过的人。"

她说得简单。如果信错了人……

"乔博士告诉我，无论我把石片给谁，都一定要小心。"克鲁兹说，"我觉得她是想让我自己保管，甚至跟随我妈妈的脚步，继续进行研究。"

"责任重大啊。"

"可不是吗。"

"不过你也不用立即做出决定，对吗？"

"嗯。"他回答道，但是时间正一分一秒地流逝。

普雷斯科特会来找石片的。他也会来找克鲁兹。亚米也有危险。这个涅布拉的卧底仍然认为亚米就是美洲虎。克鲁兹最后一次激活日记时可不期望发生那些。事情本应变得简单，而不是更加复杂！

"赛勒说得没错，你看起来累坏了。"布兰迪丝说。

上周末，他们为了能在晚上就寝前赶回"猎户座号"，凌晨三点就起床了，一共飞了十多个小时。他们回到停靠在阿根廷港口城市罗森附近的"猎户座号"上时，还剩一个小时的自由活动时间。克鲁兹本应该像赛勒和亚米一样上床睡觉，但他想活动活动腿脚。

"你什么时候吃的饭？"布兰迪丝问道。

"大概……几小时前。"他说着，把手插进口袋里。

"没有吧。我一眼就能看出你在撒谎。"

"是吗？你是怎么看出来的？"

"不告诉你。你要是知道，就不会这么做了。"

他笑了笑。

"快到就寝时间了，回去的路上我们可以去小餐桌那里看一看还有什么吃的。"

"好。"布兰迪丝说得没错，克鲁兹确实在吃饭的事情上撒了谎，不过他也不饿，因为他们中午在飞机上饱餐了一顿。

"看到卢文教授给我们实地考察报告的评分了吗？"当他们走出观测休息室时，布兰迪丝问。

"没有，"克鲁兹回答道，"我收到了他的信息，但还没看。这周的坏消息已经够多了。"

"我们得了 A。"

他猛地转过头来，吃惊地问："真的吗？我们回来的时候迟到了，我以为肯定……"

"我原来也那样认为。但是我们得了A，还……"她停顿了一下。

"还怎么了？"

"你自己看吧。"

克鲁兹现在非常好奇！

在餐厅靠近入口的长桌上，他们发现了各种各样的水果、坚果、薯条和果汁。克里斯托斯主厨还准备了用小纸杯装的自制混合零食，里面有花生、腰果、蔓越莓干、爆米花、巧克力片，以及白巧克力椒盐卷饼。克鲁兹拿了一份混合零食，布兰迪丝选了一份蜂蜜烤杏仁。他们离开餐厅，沿着走廊，从空荡荡的休息室前经过。克鲁兹刚抓了一把干果扔进嘴里，他的通信别针就响了起来："科罗纳多教授呼叫克鲁兹·科罗纳多。"

他正要回答，满嘴的干果差点儿从嘴里喷出来："克鲁兹'奏'到。"

布兰迪丝大笑了起来。

"你是不是想说已经安全回到船上了。"玛莉索姑姑说。

他快速咀嚼和吞咽着食物。"我们大概八点半回来的。"

"你能说话了？"她笑了笑，说道，"或者我应该说，你能正常讲话了？"

"我和布兰迪丝正在回寝室的路上。"他说。

"我刚和你爸爸通完电话。"玛莉索姑姑说。这就说明她什么都知道了。"回头再聊。我们明天早上见。完毕。"

"寻找化石让我很激动，只可惜这是我们最后一次任务。"布兰迪丝说道。她在楼梯口处停了下来。"我有一个可怕的想法。如果明年他们把我们这些队伍拆掉重组怎么办？"

"玛莉索姑姑说他们不会的，除非有人想换队。"

"我可不想换。我喜欢库斯托队。"她低下了头，说，"你呢？你也喜欢这支队伍吗？"

"当然……喜欢。"克鲁兹说，"我喜欢现在的样子……非常喜欢。"

布兰迪丝微笑着，那种微笑总会让他感到温暖。这一次也一样。

离宵禁还有五分钟，寝室外的走廊还是像往常一样，空无一人。在布兰迪丝的房间门口，他们互道了晚安。克鲁兹刚要往前走，突然一只手抓住了他的胳膊。

"别这么做，"布兰迪丝说，"别自己拿着石片，克鲁兹。要不然你得永远躲着涅布拉。"

他望着她那双淡蓝色的眼睛，说："但是如果我信错了人，我会永远后悔的。"

布兰迪丝抓着克鲁兹胳膊的手用力握了握，然后她探着身子左右看了看走廊，接着转过身，开门进屋了。

克鲁兹把双手插进口袋里，迈着轻快的步伐走向自己的船舱。

走廊里的灯闪了几下。

啊——哦！克鲁兹快速走到走廊尽头，进入 202 号船舱。他尽量保持安静，以免吵醒他的室友。亚米已经把灯光调暗了。克鲁兹以最快的速度刷牙、换上睡衣，然后上床睡觉。

克鲁兹闭上眼睛。五分钟后，他再次睁开眼睛。还有一件重要的事！他伸出一只手，在黑暗中寻找放在床头柜上的平板电脑。找到之后，他把平板电脑拿到肚子上打开，点开了教授的信息。

主题：库斯托队赫罗伊纳岛任务评估

发件人：阿切尔·卢文教授

意见：充分利用资源和设备收集数据。支持性研究做得很好。

罗曼·勒格朗先生的评价如下：

库斯托队准备充分，成员之间相互合作，做出决定时能重视和考虑所有人的意见。无论成功与否，他们都同舟共济。很棒！由于交通设备出现故障，库斯托队的任务原本被取消了。不过探

险家们很聪明地想出用皮划艇来替代。虽然浪费了一些时间，但他们还是选择继续前进。我的意见是，库斯托队虽然是在截止时间后才返回"猎户座号"的，但也应免受处罚，而且他们应获得奖励，因为他们展示出了我们一直强调的沉着、创新和毅力。虽然对他们来说，最简单的选择是接受现实，然后享受一天的假期，但是库斯托队并没有放弃，还克服困难，坚持完成了任务。真是勇敢的探险家们！

实地考察报告：98 分

任务表现：100 分

奖励积分：每个队员 50 分

最终成绩：A

干得漂亮，库斯托队！

阿切尔·卢文教授

克鲁兹看完后开心地笑了。他把平板电脑放回到床头柜，然后翻了个身，心不在焉地摸着胸前石片之间的接缝。这是库斯托队一年以来取得的最好成绩，尽管这次任务不是那么顺利。也许克服困难最好的办法就是在过程中快速思考、努力战斗，只要不放弃，就一直有机会，对吧？

得到一枚完整的石片，抓捕一名涅布拉的卧底，还取得了一个好成绩。总而言之，这个周末过得还不错。

克鲁兹笑着睡着了。

玛莉索姑姑双手背在猕猴桃绿的毛衣后面，在全息地图前来回踱步。"虽然寻找恐龙化石听起来可能简单有趣，"她那黑色的眼睛打量着教室里的探险家们，"但我可以保证，要想找到化石并不容易，而这正是你们要接受的挑战。接下来的四天，你们每天不仅要沿着崎岖不平的道路徒步约 16 千米，还要忍受阿根廷一个多世纪以来最热的秋季白天。目前来看，这次任务会比你们之前完成的任何任务都要难。不过……"她的眼睛里闪烁着光，"这是值得的。你们会玩得很开心。"

亚米靠向克鲁兹，说道："她觉得有趣？我可不这么认为。"

"每个队都会配两名成年人作为向导。"玛莉索姑姑继续说。她指了指站在房间后面的其他教授，其中还有方雄·奎尔斯和耶利哥·迈尔斯。"根据地质地图和化石网，向导会在巴塔哥尼亚找到几个可能存在化石的地方，供你们搜索。"

化石网是一种预测性计算机软件，探险家们在课堂上学过。它可以扫描卫星图片，寻找线索，以确定有化石的热点地区。这样的软件可以帮助古生物学家缩小化石搜索范围，甚至有时还会在那些他们根本不会考虑的区域中有所发现。

"一定要带着你们的 PANDA，"玛莉索姑姑说，"我们还会提供所有必要的工具——凿子、锤子、刷子等。下课后，请回房间收拾好行李，并于上午九点到水上项目室报到。贾兹会用小船送你们，上岸后，车会在那里等你们。我们已经通过随机抽签的方式为每个团队预先分配了向导。"玛莉索姑姑伸手去拿她的平板电脑，继续说道，"伽利略队，你们的向导是贝内迪克特教授和莫迪教授。麦哲伦队，你们和卢文教授还有方雄一队。勒格朗先生和石川教授被分配到艾尔哈特队，我和耶利哥将带领库斯托队。"

终于！克鲁兹强忍住欢呼的冲动。以前在土耳其的时候，他和姑姑一起进行过考古挖掘，不过当时还有班里的其他人。没想到最后姑姑还能带着他们执行团队任务。

"探险家们，还有一件事。"勒格朗先生沿着过道走过来，说道，"在你们的最后一次任务里，每个队都要有两名成员换到另一个队里。"

勒格朗先生话音刚落，克鲁兹就听到一阵喊叫："不要！""为什么啊？"

"你们说为什么？"勒格朗先生挑了挑眉，说道，"为了让你们施展本领。"

"或者是想让我们完蛋。"杜根哀叹道。

"只是为了完成这次任务，"玛莉索姑姑安慰道，"没人期望你们能和新队员之间建立起十分紧密的关系，毕竟那需要好几个月的时间。但是，学习如何与圈子外的其他人合作还是很有必要的。"

兰妮靠向克鲁兹，说："等她问谁愿意时，我就举手。"

"你不用……"

"没事儿。我是个新人。这很公平。"

克鲁兹感到肩膀一沉。他转过身，发现亚米向后仰着头。他指着已经出现天空影像的天花板。六个微型热气球正在教室里来回移动，仿佛被一股急流困住了。每个气球下方都悬挂着一个小的方形藤篮。

"换队不是惩罚，"勒格朗先生说，"这不是比赛，没有输赢。人员配置通过抽签决定。"

六个气球开始下降——每队一个。库斯托队的气球降落在赛勒的大腿上。克鲁兹单膝跪地，看着她把手伸进篮筐，然后拿出……

一副扑克牌。克鲁兹看到气球和这些东西，心想：老师们还真有"兴致"啊……

勒格朗先生让他们打开包装。布兰迪丝、杜根、亚米、兰妮和克鲁兹围在赛勒的桌子周围。赛勒撕开蜡封，把所有卡片呈扇形铺开。每张卡片的背面都有不同的地点或动物的照片。杜根用手指轻点了一张照片，说："嘿，这是斯瓦尔巴的种子库。"

"这是巴塞罗那的奥尔塔迷宫。"亚米说。

布兰迪丝指着一张昆虫特写照片，说道："还有婆罗洲的兰花螳螂。"

"这些都是我们去过的地方和见过的动物。"赛勒说着翻开一张卡片，是空白的。她又接着翻开了好几张，都是空白的。

"呃……勒格朗先生，"杜根举起手，说道，"我们的卡片正面都是空白的。"

"我们的也是。"韦瑟利附和道。

"我们也一样。"赞恩说。

看来大家拿到的都是一样的卡片。

"探险家学院做事向来不拘一格，你们应该知道。"勒格朗先生说道，"大家洗下牌，然后将卡片在桌子上呈扇形散开，有照片的一面朝上。每位队员选择一张卡片。选好的探险家们，把卡片平放在手掌上。再说一遍，有照片的一面朝上。"

赛勒把卡片调了下顺序，杜根抱怨这样洗牌是多么愚蠢。克鲁兹不得不承认，他说得有道理。他们看着赛勒在桌子上把卡片铺成一个扇形。布兰迪丝是第一个选的。她选择了一张露脊鲸在芬迪湾跃身击浪的照片，并将照片放在左手上。杜根找到印有种子库的卡片，拿走了它。亚米选了一只在冰山顶峰的阿德利企鹅的照片。克鲁兹选择了纳米比亚瓦特贝格高原公园的鸟瞰图。回想起当时是如何阻止穿山甲偷猎者的，大家都咧嘴笑了起来。兰妮抽走了"猎户座号"甲板的照片。赛勒自然而然地选择了袋狼的照片。

勒格朗先生正在检查，以确保每个人都按照他要求的方式拿到了卡片。等他满意后，他说："现在你们可以翻开了。"

"真是没有意义。"杜根哼了一声，说，"我们都知道那面是空白……啊！"原先空白的卡片上出现了一个巨大的绿色数字：31，没有任何花色，只有这个很大的绿色数字。

"温感变色纸牌！"兰妮说。

杜根做了个鬼脸，问道："温感……什么？"

"温感变色。这是一种特殊的墨水，只有接触到掌心的温度才能显色。"

库斯托队的其他成员也迅速翻开卡片。亚米抽到 19，兰妮抽到 39，布兰迪丝抽到 8，赛勒的是 26，而克鲁兹的则是 47。

现在怎么办？全班安静下来，等待勒格朗先生接下来的指示。没有人想换队。谁也不想。克鲁兹和他的队友们交换了眼神，那眼神中满是担忧。

有两个人将面临换队的命运。

是哪两个人呢？

新的恐龙

亚米站在梳妆台前，把袜子扔进打开的行李袋，说道："这不公平。"

"全凭抽签时的运气。"克鲁兹把手伸到壁橱最上面一层，取下他的探险帽，说。

"我的意思是，都到最后了，又突然让我们重新组队。"

"我觉得他们就是想以此来激励我们。"

"嗯，好吧。他们的目的达到了。"

克鲁兹看得出来，亚米的心情眼镜已经快"喷火"了。"就只有这一次的任务需要更换队友，亚米，没事儿的。"

"怎么可能没事儿？你去了另一队，而我还留在这儿，这不是给涅布拉机会嘛。我可不想这样。"

克鲁兹也一样，但他们必须按游戏规则来——毕竟是自己抽的牌。"卢文教授和方雄也在，"他提醒他的室友，"和队员们在一起，涅布拉很难对我下手。"

"特里普就会。而且你是不是忘了什么事——我是说，你是不是忘了还有某个人的存在？"

他指的是美洲虎。

"再就是，"亚米痛苦地笑了笑，说，"那么多队伍，你偏偏被换到了麦哲伦队……"

克鲁兹不能和玛莉索姑姑一起执行任务已经够糟糕了，结果还要和他们的"对手"合作。更糟糕的是，要离开麦哲伦队的两名队员是马泰奥和尤利娅。这就意味着，克鲁兹必须和阿里合作，但是阿里不喜欢他。不，不是不喜欢，阿里根本就是讨厌他。

"尤利娅换到了艾尔哈特队。"亚米抱怨道。他一边说，一边不停地往包里扔袜子。他到底有多少双袜子……"这样一来，麦哲伦队剩下的女生是叶卡捷琳娜和孙涛。如果美洲虎就在她们之中呢？"

克鲁兹没有反驳。他知道此事已成定局。他不得不走，只是心里酸酸的，因为他不想离开亚米。"我们就不能合理利用行李袋吗？"克鲁兹劝道，"你……呃……我不是要干涉你的穿着，只是你不能光带这么多袜子吧……"

"哦？"亚米盯着他的行李袋看了一会儿，然后开始往外拿袜子，把它们扔回抽屉里，"我就应该和你待在一起。我给海托华博士打电话……"

"别！"克鲁兹不想有任何特殊待遇。

这时，有人敲了敲门。"嘿，合作伙伴。"布兰迪丝做了个鬼脸，问道，"收拾好了吗？"

"差不多了。"克鲁兹说。这次被换到麦哲伦队，唯一让他感到高兴的事，就是布兰迪丝也和他一起换了过去。相比其他队友，她抽到的数字是最小的。勒格朗先生就是这样决定的——换走每队抽到最大数字和最小数字的两名队员。

克鲁兹穿上夹克，迅速列了一个清单，确保自己没有落下任何东西。他摸了摸影子徽章和 GPS 别针，又检查了一下蜂巢别针。他打开衣服右上角的口袋，往里看去。一个黑黄相间的小东西躺在口袋的角落里。章鱼球呢？在他衣服右下角的口袋里呢。真话仪呢？克鲁兹拉开衣服左下方口袋的拉链。一束光突然从里面射了出来！

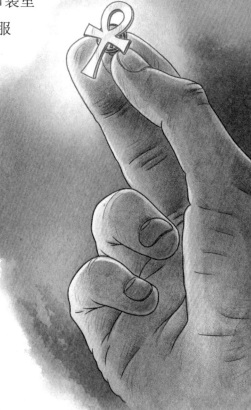

一定是真话仪出了什么问题。克鲁兹背对着布兰迪丝和亚米，拿出真话仪。罗盘完好无损，可他的口袋仍然在发光。克鲁兹又把手伸了进去。这一次，他找出了一件几乎被他遗忘了的东西：妈妈给他的安卡符号胸针。奇怪，带有圆环的小胸针闪耀着金光。克鲁兹找不到开关，应该怎么关掉它？他甚至不清楚自己是怎么打开它的。他之前打开过吗？还是发生了什么事情？也许玛莉索姑姑能提供一些线索……

"克鲁兹？"

布兰迪丝和亚米还在等他。

"呃……好了。我来了！"克鲁兹把安卡符号胸针和真话仪放回口袋，拉紧拉链，这样光就不会透出来。现在没有时间想这个了，他只能以后再找答案。

在拥挤的走廊里，他们找到了杜根、赛勒和兰妮，几个人一同前往水上项目室。到达之后，克鲁兹和布兰迪丝向队友们郑重道别，然后穿过船舱，来到他们的集合地点。卢文教授、方雄，还有麦哲伦队的其他成员已经在那里等着了。在来的路上，他们和费利佩、韦瑟利擦肩而过，这两个人换到了库斯托队。大家都在尽力表现得很快乐。

赞恩、孙涛、叶卡捷琳娜和阿里坐在靠门边的两张长椅上。

克鲁兹挥了挥手，说："嘿。"

孙涛回以一个友好的微笑，说道："你们好。"

"欢迎来到麦哲伦队。"叶卡捷琳娜说。听她的口气，像是真心在欢迎他们。

阿里则蹲在平板电脑前，没有抬头。

赞恩向孙涛的位置挪了挪，这样克鲁兹和布兰迪丝就可以在长椅的另一头坐下。"卢文教授说，指示已经发到我们的平板电脑上了，"赞恩告诉他们，"我们的大本营距离罗森港约三个半小时的车程。我们会在特雷利乌稍稍停留，取一些路上需要的工具和补给。"

"好的，谢谢。"克鲁兹从包里拿出了他的平板电脑。他从卫星地图上找到了大本营所在地，它位于特雷利乌以西、丘布特河沿岸山谷中的一个小村庄，大约在阿根廷的中部。从照片上看，这里是寻找化石的好地方。也许这项任务也没有那么糟糕。

"麦哲伦队，我们已经准备好送你们去罗森港了。"扩音器中传来贾兹的声音，"请前往'参宿七号'报到。"

克鲁兹还在浏览大本营所在地的图像，直到赞恩推了推他。"说的是我们。"

"啊，对。"他还需要一些时间来适应这个新的团队。克鲁兹抓起他的装备，跟着其他人穿过大门，走下台阶，来到出发甲板上。等待登船的时候，克鲁兹抬头看了一眼。赛勒站在栏杆处。"路上小心。"她用唇语说道。

"你也是。"他也用口形回应道。

克鲁兹感到背包突然被撞了一下，接着踉跄了几步，胳膊重重地撞到栏杆上。阿里则从他身边挤了过去。

"玛莉索姑姑说得没错，"克鲁兹的面部抽搐了一下，"真是……太'有趣'了。"

明亮湛蓝的天空中飘着几朵慵懒的卷云，麦哲伦队正徒步穿越沙漠的灌木地带。他们要前往一座高达 60 米的岩石教堂。到达后，所有人都低着头，眼睛在地面搜寻着。

　　这种勘探工作几个世纪以来都没有太大变化。他们了解到，寻找化石最好的方法就是先寻找地表或地下的化石碎片。今天，多亏魅儿能在空中盘旋，克鲁兹多了一双帮忙寻找的眼睛。

　　探险家们徒步前进着，耳边只能听到风吹动衣服和靴子踩在坚硬的土地上发出的声音。玛莉索姑姑嘱咐过他们，寻找恐龙化石无异于大海捞针，直到现在，克鲁兹才真正相信了她的话。明天，麦哲伦队就要返回"猎户座号"了，在巴塔哥尼亚沙漠的三天里，他们都发现了什么？一把小石子，里面有树叶化石、其他动物的骨头、鸟类的痕迹，唯独没有"针"。

　　当他们到达一处斜坡时，卢文教授把背包从肩上取下来，说："我们休息一下，喝点儿水，吃点儿东西吧。"

　　"找个阴凉的地方怎么样？"赞恩擦去额头上的汗水，开玩笑地说着，"要是现在能有一棵树，我愿意用一切去交换。"

　　孙涛抖了抖头发上的灰尘，说："我好想赶快洗

个澡。"

"有意思的是，远离了舒服的环境，以前那些微不足道的东西，现在都变得举足轻重了。"方雄说道，"在这儿，那些我们司空见惯的东西才是生存的关键。"

的确如此。帽子、水、太阳镜——没有这些必需品，他们可能会很麻烦。他们已经亲身感受到巴塔哥尼亚沙漠的昼夜温差有多大。在短短几个小时里，探险家们就从在睡袋里冻得瑟瑟发抖变成在正午的烈日下热得汗流浃背。虽然他们的制服能让身体保持凉爽，但是克鲁兹感觉他的脚已经快被烤熟了。干燥的风沙擦伤了他的脸颊，嘴唇也被吹裂了。

克鲁兹放下背包，轻轻敲了敲蜂巢别针，说道："魅儿，回来吧。"魅儿嗡鸣着飞了回来，落在他的肩膀上。

方雄开始把水瓶重新装满水，而卢文教授则开始给大家分发克里斯托斯主厨自制的燕麦棒。克鲁兹打开燕麦棒，歪着头研究着一座巨大的岩石"摩天大楼"。那里面肯定有恐龙化石。要是他有亚米的心情眼镜，就能尽情搜索地表岩层了……

等一等！他还有更好用的装备！

克鲁兹蹲在布兰迪丝身边，说："如果用我们的PANDA，你觉得怎样？"

"用它来干什么？"布兰迪丝咀嚼着燕麦棒，问道，"我们还没有发现任何可以识别的化石。"

"我是说我们的 PANDA。"他向她露出一个坏笑，说道，"你的和我的。"

"我不明白为什么……哦！你是说，升级版！"她皱了皱眉头，问道，"它们能帮上忙吗？"

"我也不确定，"他承认道，"但所谓的'高清、超敏、侵入'分析听起来确实能区分化石和普通岩石，对吧？"

"对。"方雄的头出现在他俩中间，"不好意思，偷听别人谈话很没有礼貌。但是，PANDA 除了可以检测到最微小的外露铸件、霉菌、化石外，还可以定位所处位置的深度小于 10 厘米的化石。"

克鲁兹和布兰迪丝目瞪口呆地看着她。她的意思是他们的 PANDA 可以透视石头吗？

"要是读过使用手册，你们就应该知道。"方雄轻声责备道。她一边说着，一边给他们的水瓶加水。"另外，我可以把你们的 PANDA 和化石网连接起来，这样你们就可以扩大筛查范围，精准找到最可能有化石的地方。我是说，如果你们想让我这么做的话。"

听到这儿，布兰迪丝摇了摇头。方雄还在继续往水瓶里装水。布兰迪丝把克鲁兹拉到一边，说："我们真的要这么做吗？"

"什么意思？"

"升级设备是对我们的奖励。现在我们要和他们……共享吗？"

克鲁兹明白她的意思。这是库斯托队在知识竞赛中获胜而得到的奖励。他想了一会儿，说道："我知道这很奇怪，但现在情况不同，我们必须换种方式思考。现在我们和他们不是竞争对手，我们属于一个团队。利用我们赢得的东西寻找化石不代表背叛了库斯托队。我想库斯托队的每个人都会同意的。"他笑了笑，继续说道："好吧，杜根可能会稍微跺跺脚，但他还是会同意的。换位思考一下，如果他们是我们，我们也会接受的，不是吗？"

"这倒是。"

克鲁兹看着方雄往阿里的瓶子里倒水。这就是技术实验室主任所谓的"如果你们想让我这么做"的意思——必须由克鲁兹和布兰迪丝共同决定是否分享他们的奖品。

"我们也不是非要这样，"克鲁兹说，"我们也可以什么都不说，不过照这样下去，我们就有可能带着一种结果回去：一无所获。"

布兰迪丝咬了咬嘴唇，说："那也太让人失望了。好吧，就按你说的办。"

趁她还没改变主意，克鲁兹站了起来，告诉团队的其他成员，他们有升级版的PANDA。话还没说完，技术实验室主任就拿出了她的平板电脑。"完成连接需要一点儿时间，大概……需要十五分钟，你们的设备就能派上用场了。"方雄说道。

大家突然重拾信心，都站了起来。

"已经三点多了，"卢文教授说，"我们如果分头行动，还能扩大搜寻范围。孙涛、赞恩和布兰迪丝，我们一起去岩壁的东边；阿里、叶卡捷琳娜和克鲁兹，你们和方雄去西边。一小时后我们在这里集合。不要攀爬岩石，此处偏远荒凉，万一有人受伤，很难得到及时的救治。"

克鲁兹把水杯放进背包侧面的网状口袋里。"魅儿，飞起十秒钟。"他指示道。克鲁兹感觉到阿里在看他，不过他没有和他对视。在这次任务里，他一直在尽最大努力避开阿里。到目前为止，一切都还顺利。

两支小队互道"好运"，然后开始分头行动。

"方雄，科罗纳多教授告诉过我们，你有复原恐龙的经验。"叶卡捷琳娜跟上方雄的步伐，说道。阿里和克鲁兹紧随其后。四个人在山脚下，沿着平行于岩石的方向前进。

"是的，"方雄回答，"攻读硕士学位时，我在博物馆里制作过恐龙 3D 电脑模型。我们使用摄影测量技术和生物机器人技术模拟出某种恐龙的外形和运动方式。"

"那你见过恐龙的毛皮化石吗？"叶卡捷琳娜问道。

"当然见过。毛皮、尖刺、脊柱，甚至是胃里的东西。"

"你是说……"

"对。每隔一段时间，我就得看一看恐龙'最后的晚餐'。"

"太厉害了吧！"探险家们齐声叫道。

方雄继续分享关于恐龙消化的知识，其中还包括他们最喜欢的粪（又名"便便"）化石的话题，克鲁兹注意到阿里一直在偷看魅儿。魅儿现在紧靠在蜂巢别针上。

"它不会掉下来的。"克鲁兹看到阿里又一次瞥了一眼无人机，说，"它和真的蜜蜂一样，能牢牢地抓附着。"

阿里点了点头，没有了往日的满面怒容。

"克鲁兹！阿里！"方雄后退了几步，指着露出地面的岩层，说道，"你们从这儿开始往东搜寻如何？我和叶卡捷琳娜去那个拐角。"

男孩们转身朝斜坡走去，在距离岩壁约 9 米的地方停了下来。克鲁兹转身卸下背包，拿出了他的 PANDA。克鲁兹打开装置，把它递给了他的队友。

阿里犹豫了一下，问道："但是……我想……你不用吗？"

"不用。"克鲁兹拉开背包外侧的口袋，里面放着他的护目镜、凿子、锤子、刷子和小刀，"我最喜欢挖土了。我能挖出你发现的所有东西。"

"好……好的。"阿里接过 PANDA，说，"谢谢。"

这是这么久以来阿里第一次对他说谢谢，久到……他也记不得到底有多久了。

阿里低头看着设备，说："我们这就连接化石网。准备好了吗，克鲁兹？"

克鲁兹感到一阵兴奋。他当然希望这能有用。克鲁兹戴上护目镜，说："准备好了。"

阿里把 PANDA 对准岩石，说："既然不让我们爬，那我就从底部慢慢扫描到大约 1.5 米高的地方怎么样？"

"听起来可以，"克鲁兹说，"我赞成。"

随着时间流逝，天气变得越来越热。克鲁兹感觉他的嘴里，还有他的脚趾间都发出了沙子之间互相摩擦的嘎吱声。他摘下帽子，擦了擦额头上的汗水。

已经过了十五分钟，阿里还在扫描。克鲁兹觉得没什么希望了。突然，PANDA 开始发出低沉的嗡嗡声。

"我找到了什么东西！"阿里扭头喊道。他朝着悬崖走去，越走越快，然后开始慢跑，最后奔跑起来！阿里在岩壁的角落跪了下来，说："这里！在这里！"

克鲁兹很快追了上去，但是什么也没看到。"你确定……"

阿里用食指指着一个小的凸起物，激动地说："是恐龙骨头！"

克鲁兹急忙从背包里掏出圆刷，问道："什么类型的？"

"呃……PANDA 上说，这是能追溯到白垩纪的砂岩。"阿里跳了起来，然后弯下腰，将 PANDA 对着石头和泥土的过渡地带，沿着露出地面的岩层移动，"已经有九千七百万年的历史了。"

克鲁兹疯狂地清理着化石上的泥土。当看到圆形骨头露出的时候，他伸手去拿他的凿子，小心翼翼地清理掉包裹在化石周围的土壤和岩石，以免破坏这块化石或周边可能存在的任何一块骨头。

"我们最好喊一下方雄，"阿里喊道，他现在离克鲁兹有好几米远，"地表下有一具恐龙骨架，它看起来很完整。"

克鲁兹坐了起来，问道："是什么类型的恐龙？"

"我……我不知道。"

耀眼的阳光照进他们的眼睛。

"你看不懂屏幕上显示的吗？"克鲁兹问。

"不是……我能看得懂……我的意思是这个设备也不知道。设备上显示这是一具蜥臀目的动物骨骼，很可能是蜥脚类动物，但是无法识别。"

两个男孩面面相觑。

PANDA 可以识别出所有已知的恐龙。如果连它都无法识别出这只恐龙，那么只可能意味着两种情况：一种是设备坏了，另一种就是……

"我们做到了吗？"阿里的眼睛在发光，"我们是不是发现了一种新的恐龙？"

真正的美洲虎

"恭喜！"克鲁兹打开车门，迎面而来的是库斯托队队员们的欢呼。

"谢谢大家。"

六位精疲力竭的探险家和他们的向导在沙漠中待了四天。这期间，消息早已先他们一步到达了特雷利乌，所以克鲁兹对此并不意外。

发现化石后，克鲁兹和阿里将 PANDA 里的数据传回学会博物馆进行分析。在返回特雷利乌的路上，麦哲伦队收到了博物馆古生物学家的消息，他们发现的恐龙与叉龙科的阿马加龙相近。但是，这具恐龙骨架较小，说明这只恐龙比阿马加龙体形小，它那沿着后颈分布的两排长棘刺也较短。也就是说，他们真的发现了一种新的恐龙！

杜根把鼻子抵在车后窗上，双手托着脸，透过有色玻璃往外看："那么，恐龙在哪儿呢？"

坐在克鲁兹另一边的阿里哼了一声，说："你以为在我们这儿吗？你知道挖出一根恐龙骨头要花多长时间吗？"

"两个小时！"克鲁兹、布兰迪丝、叶卡捷琳娜、赞恩和孙涛齐声喊道。虽然这只恐龙在蜥脚类恐龙中体形偏小，但它仍然有约 6 米长。

"我们只能从基质中取出胫骨，"克鲁兹解释说，"还有几根脊椎骨。我们确实还发现了一部分形似马头的头骨。"

"我们能看一看你们带回来的东西吗？"兰妮问道。

"恐怕不行。"与方雄一起坐在前排的卢文教授转过头来，说，"所有东西都用卫生纸和石膏包裹着，在把它们安全送到博物馆之前，我们不能乱动。"

"还有不到 1600 米就到博物馆了。"方雄说道，"你们先去吃点儿东西吧。我和卢文教授会尽快赶回来的。"

克鲁兹纵身跳下车，看到了霓虹灯招牌。终于见到一家餐厅了！他甚至能闻到烧烤架上烤肉的香味。

他们朝那栋平房走去，这时亚米问道："你想过给这只恐龙取什么名字吗？"

"阿里想了一个我们都很喜欢的名字。"克鲁兹说。

"阿尔塔雷斯棘龙。"阿里一脸骄傲地说，"阿尔塔雷斯是我们发现它的地方，棘龙是因为它脖子上长满了刺。"

亚米点了点头，表示赞同。

快走到前门时，克鲁兹注意到兰妮一直扭头注视着街道。"没事儿吧？"他问道。

"没……没事儿。"她的声音里透着些许疑虑。

克鲁兹仔细看了看街道，没有发现任何可疑的迹象。

他们跟上其他人，一起来到室外露台上。这里有十几把浅蓝色和白色相间的大伞，伞下摆放着圆木桌。伞上挂着的一些透明的小灯球，在晚风的吹拂下摇曳不止。每张桌子的中央都放着一个锡制管状花瓶，花瓶里插着两三枝白玫瑰。克鲁兹很快发现了玛莉索姑姑，她和费利佩、韦瑟利、耶利哥坐在露台另一边的一张桌子旁。玛莉索姑姑从花瓶里取出一朵白玫瑰，用手指搓捻着。看到克鲁兹，她停了下来，对他微微一笑。他也以微笑回应。晚些时候，他们会再好好聊一聊。

服务员举着托盘从旁边经过时，克鲁兹闻到一股浓浓的芝士味儿，他的胃咕噜咕噜地叫了起来。是比萨饼！克鲁兹坐到阿里和布兰迪丝之间，听他们聊着这种传统的阿根廷比萨饼：厚厚的酸面包皮上撒满了浓郁的马苏里拉奶酪，还有长长的焦糖丝和甜洋葱。克鲁兹之前并不知道这种洋葱口感如何。他尝了一口，立马被它的味道迷住，足足吃了四片比萨饼。大家的饭后甜点是几盘太妃饼干，饼干中间夹着焦糖牛奶酱和糖浆，侧面裹满了椰蓉。所有的食物都令人食指大动！

"我们把剩下的比萨饼和饼干带走吧。"当他们准备出发时，兰妮提议道，"我敢说方雄和卢文教授肯定没时间吃东西。"

克鲁兹站在餐厅门前的人行道上，朝路边停着的汽车和建筑旁边的小停车场张望着，没有看到他们那辆SUV。大家纷纷朝着自己的车走去。汽车一辆接一辆地开走了。方雄和卢文教授仍然不见踪影。

这时，一辆车降下前车窗。玛莉索姑姑从车里探出身子，问："需要我们和你们一起等吗？"

"不用，"克鲁兹应道，"我相信他们很快就会回来的。"

时间一分一秒地过去，克鲁兹和赞恩、布兰迪丝、叶卡捷琳娜、孙涛、阿里在黑暗的角落里等待着。克鲁兹开始感到不安，已经过去十分钟了，如果方雄或卢文教授迟到了，应该会打电话或发信息的。他们会在哪里呢？克鲁兹感到一阵恐慌涌上心头。如果这两个人联系不上他们怎么办？如果涅布拉……

"在那儿！"布兰迪丝指向一条街以外的地方，那里有一辆黑色SUV正转过街角向他们驶来。当车停在路边时，克鲁兹屏住了呼吸。直到看见方雄和卢文教授安然无恙，他才松了一口气。

大家都凑到了车前。"对不起，我们来迟了。"卢文教授说，"博物馆那边计划派出一个团队去挖掘剩余的骨头，因此我们想尽可能多地提供给他们一些信息。"

孙涛举起比萨饼盒，说："我们给你们带了比萨饼！"

"还有饼干！"叶卡捷琳娜说。她手里拿着一小盒饼干。

"谢谢！"方雄转过身来，兴奋地伸出手，说道，"我们快饿扁了！"

"这次任务你们的成绩都是 A！"卢文教授大声说道。大家都被逗笑了。

回到"猎户座号"时已经是晚上八点半了。他们是最后一支回来的队伍。克鲁兹从发射甲板艰难地走上台阶，感觉自己的行李比几天前重了百倍。

"我的船啊我的家……"叶卡捷琳娜哼起歌来。

虽然克鲁兹很想念"猎户座号"，但他更想念船上那只白色的小狗。出发前，他把哈伯德交给了奈奥米。明天就是周五了，克鲁兹迫不及待地想要在放学后去接哈伯德，和它一起度过整个周末。

卢文教授说："以防你们睡觉前忘记看平板电脑，我得提醒大家，实地报告的提交截止到下周二。还有，明天所有课程都取消。"

这是个好消息，但他们已经累得没有力气欢呼了。

当克鲁兹和其他队员从探险家甲板的电梯里走出来时，通信别针里传来赛勒的声音："你回来了？"

"是的，我正在……"

"快来船舱。完毕。"

克鲁兹瞥了布兰迪丝一眼，她耸了耸肩。她也不知道什么事情会这么紧急。他们加快步伐，一起跑向船舱。布兰迪丝在自己的舱门前停了下来，但克鲁兹示意她跟过来，于是她打开门，把装备扔了进去，就跟克鲁兹一起匆匆穿过走廊。走进 202 号船舱，克鲁兹闻到了柑橘的味道。一定是他的朋友们从楼上的零食桌上拿了些橘子。克鲁兹把背包和行李扔到床上，看到赛勒、兰妮和亚米坐在他的桌旁。

"我们不在的时候，你收到了几张明信片。"亚米说道，"快来看一下。"

花岗岩制成的桌面像是星光点点的夜空，桌上摆放着四张明信片——它们首尾相连、背面朝上摆放着。

螺旋密码！

克鲁兹揉了揉蒙眬的眼睛，确定自己不是在做梦。这确实不是梦！每张明信片上都有几行字，正是妈妈创造的用来跟他交流的密码。克鲁兹翻过第一张明信片，上面的照片中是自己的安卡符号胸针或某种类似的东西。

亚米提示道："所有明信片的正面都是这张照片。"

安卡符号胸针！克鲁兹几乎快把这东西忘了。那枚别针仍然静静地躺在他的口袋里。

赛勒说："我们能确定，这上面的密码都是由同一个人写的。看到一样的笔迹了吧？用的还是同一款黑色墨水。"

"不过，每张明信片上写收件人和探险家学院地址的笔迹都不一样。"兰妮插嘴道，"我们发现，它们是在同一天、从不同的地方邮寄过来的。"

她轻轻地敲了敲第一张明信片上的邮票，继续说道：

"这张来自华盛顿特区，那张来自纳米比亚的奥奇瓦龙戈。第三张来自不丹的帕罗，最后一张来自……"

站在克鲁兹旁边的布兰迪丝接道："考爱岛。"

赛勒说："我们推测，来自纳米比亚的明信片一定是乔博士寄来的。不丹的那张则来自虎穴寺的僧侣们。"

"我们不确定华盛顿特区的那张究竟是谁寄的。"亚米摇了摇头，说道，"最有可能的是法洛菲尔德博士，也可能是学院的某个人，或者……"他向克鲁兹挑了挑眉，"是其他地方的人……"

他指的是合成部或档案馆。

兰妮补充道："来自考爱岛的那张很可能是你爸爸寄来的。"

克鲁兹的大脑在飞速运转："你是说……"

"你妈妈写了一条加密的信息，又把它们拆成四份，分别写在四张明信片上，然后交给了她信任的几个人。一旦你找到最后一枚石片，他们就会把这些明信片寄给你。"亚米总结道。

兰妮捻了捻她的银发，说："我们搞不懂的是，他们怎么知道要在什么时候给你寄明信片？"

"我想我知道原因。"克鲁兹拉开口袋的拉链，拿出安卡符号胸针。它依旧闪烁着明亮的光。他把胸针放到桌子上，说："我们从学院回来后，它就一直在发亮。"

"是日记！"亚米说道，"我敢肯定，视频开始卡顿之前，你妈妈是想告诉你，一旦你把第八枚石片拼上，就会点亮多个安卡符号胸针。这是一种信号，这种信号会告诉她的朋友们，是时候给你寄明信片了。"

没错！一定是这样！

"我们来解码吧。"克鲁兹说着，赶紧从床底下把妈妈的盒子拿出来。他拿出那张背面印有螺旋密码解码表的照片。亚米拿出笔和纸，大家走到两把海军蓝椅子之间的小圆桌旁。布兰迪丝坐在克鲁兹后面的椅子上，其他人则跪在地上。他们伸长脖子，睁大眼睛，努力想把明信片上的螺旋图形和解码表上的一一匹配。想要破解密码可不是件容易的事，况且螺旋的变化十分微妙，多一个点或尾部弯曲不同，得到的结果就相差甚远。

克鲁兹拿的那张卡上的密码最短，因此他是第一个解完的。克鲁兹盯着自己写的东西，然后抬头看了一眼在自己身后徘徊的布兰迪丝，问道："我解得对吗？"

"对。"

所有人都完成解码后，他们开始比对信息。

赛勒、兰妮与亚米得出了类似的短句。短句上都有一个相同的词语：楔形物。

亚米看着他们的信息，喊道："双重密码！厉害啊！"

克鲁兹从脖子上取下挂绳，把石片交给了亚米。他们都知道，阅读如此小巧玲珑的刻字，需要用到他那副有放大功能的心情眼镜。

"你需要的话，我可以把明信片上的内容念给你听。"兰妮一边对亚米说着，一边俯身看着石片。她从克鲁兹解码的那张开始念："楔形物 4，正面，第 11 个字母。"

亚米在第四枚石片的正面寻找："是 N。"

她把字母记在了明信片下部，然后接着看下一张明信片。

当破译出所有密码时，所有人都围了上来，争先恐后地想要看一看结果。克鲁兹的卡片上是 N 和 T，亚米的是 E、H 和 O，赛勒的是 P、O 和 I，兰妮的是 P、O 和 L。

N–T–E–H–O–P–O–I–P–O–L

"这是拼字游戏。"亚米说。

大家纷纷开动脑筋。

亚米第一个抬起头，说："是不是'你的项链（Thine Loop）'？"

"你漏掉了一个字母 P。"赛勒说，"是'比布顿洞穴（Pipton Hole）'？"

"漏掉了一个 O。"亚米指出。

"'Hotel Nippoo'或'Hotel Popoin'？"兰妮提议道。

"这两个都有可能。"布兰迪丝说。然而，她用克鲁兹的电脑搜索，并没有搜到这两个地方。

"'Pool''hoop''thin'……我能拼出很多单词，"赛勒说，"但没有一个说得通。"

克鲁兹说道："我得给我爸爸打个电话。如果明信片是他从夏威夷寄来的，他也许能告诉我们……"

"啊嚏！"

所有人都愣住了。他们中间没有任何人打喷嚏。

亚米把手指放在唇边示意大家噤声，随即转头看向壁橱——那是最有可能藏人的地方。大家轻手轻脚地站起身来。离壁橱最近的兰妮伸出手，轻轻抓住橱门把手，然后猛地把门打开……

里面空空如也。

布兰迪丝和赛勒急忙去查看床底，亚米往浴室里瞥了一眼，也没发现有人。

克鲁兹用眼角的余光捕捉到舷窗的窗帘在动。窗帘飘动时原本该有的柔和的"涟漪"，此时变作"滚滚波涛"。顶着一头褐色头发的脑袋露了出来！克鲁兹认出来了。那人先是露出一侧肩膀，接着又露出另一侧肩膀，就像一只正努力破茧而出的蝴蝶——只不过，眼前的人可不是什么美丽的蝴蝶。

克鲁兹僵住了。"索恩·普雷斯科特！"

"你偷了影子徽章！"亚米斥责道。

"呃……亚米，我想这不是重点。"赛勒喃喃地说。

"她说得对。"普雷斯科特说着，脱掉了和窗帘"混为一体"的夹克。探险家们看着它掉在地上。普雷斯科特穿着一件黑色尼龙马甲，里面是一件黑色高领毛衣。"克鲁兹，你让我在巴黎等了那么久，也太没礼貌了，我还等着带你去卢浮宫转一转呢。"普雷斯科特拉开了马甲口袋的拉链，拿出一个玻璃瓶，里面装着一种碧绿色的液体。他举起瓶子给他们看。"现在，生死只有一线之隔。听好了，只要我把手上的瓶子摔碎，里面的药剂就会让我们所有人在几秒钟内毙命，因此我建议你们乖乖按我说的做——背靠壁橱，双手交叉放在胸前！要是有人敢用通信别针或其他什么东西，我就把瓶子摔了。"

他瞪着克鲁兹，继续说道："相信我，我现在已经一无所有，没什么好怕的，你们最好照我说的做。现在走过去！"

大家乖乖地照做了。

"离它远点儿！"赛勒正要拿石片，普雷斯科特喝道。

探险家们肩并肩站成一列，布兰迪丝紧挨着亚米的床，旁边依次是赛勒、亚米、克鲁兹和兰妮。

灯光突然闪了几下。普雷斯科特抬起头。

"宵禁时间快到了。"兰妮解释道，"还剩两分钟。"

普雷斯科特眯起眼睛盯着她，说："我以前在什么地方见过你……"他打了个响指。"夏威夷的天文台。"

兰妮扬起下巴，说："我也见过你。"

普雷斯科特捡起石片。他望着掌心里拼在一起的石片，用拇指把它们翻了个面，然后握紧拳头。

克鲁兹感觉胃里一阵痉挛。他必须做点儿什么。"你得到了想要的东西。"他说，"石片和我。放他们走吧。"

"你忘了我们的游戏还有另一位玩家。" 普雷斯科特转向亚米，说道。克鲁兹感觉自己的血液开始沸腾。他赶紧说："他和这些事没有关系。"

"你是说，除了卧底的身份以外……"

"他不是。"克鲁兹断然说道，"亚米不是美洲虎。他只是假装自己是，好让我们多了解一点儿有关涅布拉的信息。"

普雷斯科特走向亚米，就像一头狮子悄悄逼近猎物。"你跟我说过，你就是美洲虎。"

"呃……不。"亚米心情眼镜的镜框迅速变成了深灰色，"你以为我是，我只是没有……纠正你。"

普雷斯科特扭了扭脖子，他的脖子咔嚓响了一声。"我怎么知道你现在说的就是真话？"

亚米瞥了克鲁兹一眼，说："嘿……"

他们有麻烦了。亚米该怎么证明自己不是卧底？克鲁兹意识到，他有一件或能解决这个问题的设备：真话仪。但他答应过方雄保密。如果他现在把它拿出来，那就违背了诺言，更别说还会让她的秘密技术落到敌人手里。

对不起，方雄，这是唯一的办法了。克鲁兹正打算告诉普雷斯科特，真话仪能证明亚米是无辜的。

但他没有这个机会了。

"放过亚米。"一个声音响起，"我才是你要找的人，眼镜蛇。我是美洲虎。"

房间里的灯灭了。

普雷斯科特的离开

普雷斯科特用拇指轻轻一弹，打开了他胸前背心上的小灯。那束灯光虽细，却异常明亮。如他所愿，光线刺得探险者们睁不开眼。他不希望有任何人在最后关头使他的计划功亏一篑。普雷斯科特将光束稍稍向上倾斜，让光照在那个卧底的头顶上方。即使在一片黑暗中，他也能看到她的眼睛。她看起来意志坚定、无所畏惧，又满是疲惫。她早已厌倦了那些博弈、谎言和威胁。普雷斯科特熟悉这种表情，他从镜中看到的自己就是这种表情。可问题是，这是否又是一场骗局？又或者，她真的是美洲虎？

女孩用一句话消除了他的疑虑："天鹅告诉我，你会来的。"

"布……布兰迪丝？"克鲁兹结结巴巴地说。

"天哪！"赛勒大叫一声，"我不信，布兰迪丝，你不可能……"

"就是我。"布兰迪丝的声音在颤抖，"我就是那个卧底，各位，对不起。我没想到事情会发展到这种地步，我也从来没有想过要伤害任何人。"

　　克鲁兹不敢相信地问道："为什么？怎……怎么会这样？"

　　"说来话长。"美洲虎看向普雷斯科特，说道。

　　"那就长话短说。"普雷斯科特说道。

　　"嗯……好……首次任务结束的时候，范德维克博士就找上了我，"布兰迪丝说，"她说你妈妈的配方很危险。克鲁兹，但你并不这么觉得。她告诉我，你不顾科学家们的反对，包括方雄和范德维克博士的反对，一心想要找到碎片。她还说你的鲁莽会让我们都陷入危险。那时候我还不太了解你，只知道范德维克博士确实是为探险家学院效劳的，因此我相信了她的话。我完全不知道她和涅布拉有关系，甚至不知道涅布拉是什么，直到特里普和瓦迪康探员把我们困在朗格冰川的冰洞，我们差点儿死在那儿。那时候我就想，这确实证明范德维克博士是对的。克鲁兹，就是你让我们陷入了险境。我想过和你谈一谈，但你回避了我的问题，还说这只是一种游戏，记得吗？这只会更让我觉得你有问题。"

　　她攥紧双手，继续说道："我同意帮助范德维克博士，但不久后，我就发现自己厌倦了当卧底。安装窃听器，黑进你的平板电脑，报告自己听到和看到的一切……我讨厌这样。我讨厌背叛你，我受不了了。其实，我本打算告诉范德维克博士我不干了，但后来……后来我们去了非洲。"

一片死寂。

普雷斯科特抑制不住自己的好奇心，问道："在非洲发生了什么？"

克鲁兹接着说："为了执行任务，布兰迪丝借走了我的背包，却误打误撞中了范德维克博士给我下的毒。如果不是方雄和她的团队研制出了解药，布兰迪丝那时候就已经死了。"

普雷斯科特回想起来，斑马曾跟他提到过一次失败的行动，说是"下对了药，但毒错了人"，只是她当时并没有提到，她差点儿毒死他们的一名卧底。

"回到'猎户座号'后，我告诉范德维克博士，我不想再当卧底了。"布兰迪丝继续说道，"她承认在背包里下了毒。她说，我们是涅布拉的人，如果我选择退出，她就不能保证我和我家人的安全。她的意思再清楚不过了。于是我陷入了进退两难的境地。范德维克博士死后，涅布拉的一个代号为'狮子'的卧底就在线上跟我取得了联系。我不知道狮子是谁，但我想，如果这个卧底不在船上，那我就有优势了。我尽可能地不配合他们——我撒谎说兰妮和亚米阻止了我入侵安全系统，又假装跟克鲁兹起争执，彼此冷战。我还把我从你那里偷来的石片还了回去。"

"就是那个时候，你把石片留在了柠檬树下……"克鲁兹声音嘶哑地说。

"对。我不能把那枚石片交给涅布拉……我做不到。在我看来，把石片留在船上的某个地方，再把线索透露给你，似乎就是最安全的归还方法。"

"好吧，你是把石片还回来了，但是……"克鲁兹的眉毛低垂下来，"你却害了魅儿。它差点儿爆炸，有人险些因此受伤，甚至丢掉性命。"

"魅儿？爆炸？你在说什么？我从来没有……"

"一定是你干的！"克鲁兹咆哮道，"你是'猎户座号'上唯一的涅布拉卧底！这可是你自己说的！"

"我从没对魅儿做过什么……我发誓。"她哽咽地说道，眼泪沿着她的脸颊滚落。

"听着，我的所作所为让我满心愧疚。当事情不受控制的时候，我就应该告诉我的父母，告诉海托华博士，但我却妄图自己解决。于是我撒的谎越来越多，陷得越来越深。我多希望能回到过去，重新做出选择……希望你们能理解我。我唯一能说的就是对不起……真的，十分对不起。"她深深地低下了头。

她说完了吗？普雷斯科特看了一眼手里的石片，既然已经得到了想要的东西，没必要再继续拖延时间了。

"你知不知道你得到的是什么？"亚米看穿了普雷斯科特的心思，冲普雷斯科特说道，"你知道那代表什么吗？"

普雷斯科特用冷静的声音说："不知道，我既不在乎，也不想问。"

"你应该问一问！"亚米的心情眼镜闪着红光，"这是一种细胞再生配方，它可能是治愈不治之症的关键。它可以疗伤、拯救无数的生命……"

克鲁兹说："这就是布吕梅要杀死我妈妈，非要毁掉配方的原因。"

"这关我什么事。"普雷斯科特说。

布兰迪丝猛地抬起头，说："你怎么能这么说？你是最不该说出这种话的人！如果涅布拉放克鲁兹的妈妈一条生路，那派珀可能也还活着。"

她的话使普雷斯科特感到一阵寒意。她怎么知道他女儿的事？

她当然知道。天鹅告诉她的。

普雷斯科特盯着自己手里那八枚带有划痕的小石片，它们看上去并不像是什么灵丹妙药。但他了解赫齐卡亚·布吕梅。这个人不会把时间浪费在毫无价值的事情上。如果真是这样……

他会不惜一切代价救派珀。他甘愿付出一切。

但是已经太迟了。

他头痛欲裂，胸口发紧。他需要结束这一切。普雷斯科特退向阳台的门。他要穿过那扇门，然后翻越栏杆，跳到下面接应他的气垫船上。干脆利落，大功告成。

"眼镜蛇！"布兰迪丝喊道，"我有东西要给你……

是天鹅让我给你的。"

他眯起眼睛看向她，满心疑虑。她以为他会蠢到再相信她的话？

"我答应过她，一定要交给你。"布兰迪丝说，"就在我的口袋里。拜托，我可不可以……"

"可以。其他人都不准动。"

布兰迪丝把手伸进敞开的夹克里，拿出一张照片。普雷斯科特示意她上前。

照片内容是一幅油画。画布上，一大束花在一个深棕色的梨形花瓶里恣意盛开。大部分花是明亮的黄色，而前面一根茎上却有三朵红色的花。黄色的花朵低垂着头，有几片花瓣落在浅棕色的桌子上。这件艺术品被裱在一个古老的金箔相框里。

它看起来有些眼熟。

"我知道这幅画，"亚米说，"这是凡高的作品。是从博物馆偷来的吧？"

"是的。"克鲁兹说，"档案馆的负责人——我是说，我姑姑认识的一些艺术家，多年来一直在寻找它的下落。"

"照片后面有字。"布兰迪丝说。她把照片翻转过来，这样普雷斯科特就能看清上面的字迹：在布吕梅手里。

普雷斯科特呼吸一滞。他想起来了！布吕梅从未在镜头前露过面，但在一次视频通话中，他把手机镜头对准了那幅画。"如果这是真的，"普雷斯科特说，"如果天鹅是对的……"

"那你就可以把布吕梅送进监狱，还会因为找回被盗的画作而获得一大笔赏金。"兰妮说。

普雷斯科特的大脑在飞速运转。他能瞒过布吕梅吗？他敢冒险一试吗？

布兰迪丝说得没错。人一旦成为卧底，就会逐步沦陷，自掘坟墓却毫不自知。起初，你只需要撒一些小谎来填补自己的漏洞，然而随着时间的推移，你撒的谎会越来越大，挖的坑也越来越深。很快，你就泥足深陷，以至于连阳光都看不见了，更不可能爬出来。现在他有了千载难逢的机会来摆脱这一切，可是，天鹅值得信任吗？这是一场豪赌，普雷斯科特知道。但如果他不冒这个险，他将永远被困在黑暗中。

他希望自己不会为接下来的事后悔。

普雷斯科特把石片扔给了克鲁兹。

克鲁兹手一抖，差点儿把石片掉在地上。他连忙把挂绳套到脖子上。

普雷斯科特拍下了布兰迪丝拿出的照片。"我会把这个交给警方，但他们找到布吕梅也需要一定的时间。布吕梅十分善于隐藏，我相信他把这幅画藏得比他本人藏得还好。"他小心翼翼地把药瓶放回背心口袋里，说，"不管怎样，你应该知道狮子就是赫齐卡亚·布吕梅。还有，我没处理好这里的事情，他肯定会不高兴。毫无疑问，他会找上你的。"

"我知道。"克鲁兹揉着胳膊，说道。

普雷斯科特打开门，走到阳台上。他从口袋里抽出那根细长的、可以自动伸缩的绳子，把一端系在栏杆上，然后爬了下去。他落到敞开的气垫船里，然后松开绳子。随后他又解开缆绳。普雷斯科特点了一下控制台，小船的引擎轰鸣着启动了。他按下触摸屏上的油门图标，小船擦着水面，开始慢慢向前移动。

普雷斯科特转过身来，感到手机在胸口嗡嗡震动，但他并没有理会。普雷斯科特清楚，布吕梅会派手下来对付自己。必要时，他会准备好资金或武器。如今，他终于看清了一切。普雷斯科特曾经作茧自缚，而今，只有他自己能解开自己身上的枷锁。

"猎户座号"已经被远远抛在船尾后，普雷斯科特开着气垫船向前行驶。海风吹拂在脸上，他感到舒适又惬意。他还不确定报警后自己该去往何方。

也许是巴黎，也许是日内瓦，也许回伦敦去看奥布里……也许这些地方他都会去，也许还会去更多更远的地方。

普雷斯科特可以去任何想去的地方，做任何想做的事。

因为，他自由了。

回家

很长一段时间里，所有人都沉默着。阳台门依旧大敞着，唯一能听到的是海风吹打窗帘发出的声音。

在黑暗中，亚米的心情眼镜像是混杂了红色、紫色和棕色的旋涡状银河：那代表着愤怒、沮丧和悲伤。克鲁兹清楚自己的感受，他知道他应该开心才是。普雷斯科特离开了，石片还在他们手上，而且他们都好好地活着。简直是一箭三雕！然而，知道美洲虎的真实身份所带来的震撼依旧像浓雾一样笼罩着他们。

布兰迪丝没有动，她右侧的身子藏在黑暗里，左侧的身子则被甲板上柔和的灯光照亮。泪水打湿了她的脸颊。

克鲁兹看着那双泪水涟涟的蓝眼睛。"克鲁兹……我……我……"布兰迪丝看了看这张脸，又看了看那张脸，像是在乞求着什么。然而，她没有得到任何回应。她转过身，跑出了船舱。

克鲁兹内心既有一种想追上她的冲动，又为她的离开感到庆幸。布兰迪丝毁掉了一切：他的信任、他们的友谊，还有库斯托队。

一只手搭在克鲁兹的胳膊上。"你还好吧？"兰妮靠向他，问道。

他摇了摇头。他一点儿也不好。

"我从来没有怀疑过她。"亚米沮丧地说。

"我也是，我还是她的室友。我早该看出来点儿什么的。"赛勒叹了口气。她走过去关上阳台的门，接着上了锁。"她隐藏得太好了。"兰妮说。

这和方雄告诉他的一模一样。你永远不会想到卧底会是你亲近的人，但事实总是如此，不然，他们怎么发现你的秘密呢？克鲁兹的目光转向床头柜，上面摆着布兰迪丝送他的哈伯德画像。难道这些都是假的吗？

亚米打开台灯，坐在电脑前，说："我们最好把布兰迪丝的事告诉奈奥米和海托华博士。另外，我还得和方雄谈一谈安全系统升级的问题。"

克鲁兹说："不要告诉任何人普雷斯科特来过这里。要是我姑姑发现涅布拉的人把我们困在了自己的船舱里……"

"我不会说的。"亚米开始敲键盘，"今晚让魅儿站岗吧。"

"好吧。"克鲁兹揉了揉眼睛。现在他感觉精疲力竭。

“我们走吧。”赛勒用胳膊肘推了推兰妮，说道，“宵禁的时间早过了。伙计们，我们明天睁眼第一件事就是继续研究那些明信片。”

克鲁兹送她们到门口。他探出头，确认走廊空无一人后，往旁边靠了靠。赛勒咧嘴一笑，飞快地跑开了。

兰妮正要跟上，却又停了下来。她转过身，说道：“知道吗……”

“我知道。”

“你知道什么？”

克鲁兹说：“‘一切都会好起来的’‘我们会解决的’，或者任何你想说的给我打气的话。”

“但是……”

“兰妮，这件事你没法轻易解决。"

她难过地点了点头，然后跟上赛勒。

克鲁兹激活了魅儿，命令它监视房门和舷窗附近的情况，如果有人试图闯入，就叫醒他，联系保安。普雷斯科特是怎么在不被发现的情况下进来的？安保系统出了问题吗？还是因为有布兰迪丝的帮助？普雷斯科特曾说过，生死只有一线之隔。今晚，他们就在死亡的边缘走了一遭。他知道自己终有一天会直面死亡，因为布吕梅随时可能来袭，他必须做好准备。

克鲁兹把四张明信片摆在床上，旁边放着他的便笺，便笺上写着解码得出的字母：N-T-E-H-O-P-O-I-P-O-L。

他希望爸爸能给他一些启示，于是拿起平板电脑，在联系人列表里点了点爸爸的头像。

铃响了两声后，爸爸的脸出现在屏幕上。"克鲁兹！"

"嘿，爸爸，你现在方便吗？"

"方便。蒂科在我后面。有什么事吗？"

"我想问问你明信片的事。"克鲁兹拿着那张考爱岛明信片靠近镜头，说，"我们一直在试图破解妈妈的螺旋密码，结果发现有些字母我们无法破译。我想也许你能帮上忙。"

"我希望我可以，儿子，但那并不是我寄给你的。"

"但邮戳是哈纳莱。我们以为是……"

"不是我。"爸爸否认道。

亚米在桌子旁转过身来，对克鲁兹露出关切的目光。

如果不是爸爸，那会是谁呢？

克鲁兹向爸爸讲述了发光的安卡符号胸针、明信片，以及他们努力破译密码的整个过程，但他省略了有关普雷斯科特的插曲。他一边说着，一边不停地把明信片拿过来、拿过去。他突然想到，也许这些明信片是按照某种特殊顺序排列的，也许是根据他的旅行顺序！这个想法值得一试。

因为他是从家出发，开启了自己的旅程，所以他先把来自考爱岛的明信片放在了最左边。"爸爸，还有其他人知道妈妈的密码吗？"

"当然，你姑姑知道，但她不可能从这里给你寄明信片。"

"在那之后，我去了趟学院。"克鲁兹把来自华盛顿特区的明信片移到了第二个位置。

"法洛菲尔德博士也可能知道。"爸爸继续说，"我只知道他曾帮助你妈妈研制血清，但我并不清楚他到底知不知道密码。"

"我对他挺好奇的。"克鲁兹把来自纳米比亚的明信片排在第三个位置，"我想，他也许就是我要找的人。"

"可能你是对的。事情进展得还顺利吗？"爸爸问，"你看起来累坏了。"

克鲁兹弱弱地笑了一下，说："差不多吧"。

克鲁兹在思考，自己还去过哪里？哦，没错，虎穴寺。克鲁兹把来自不丹的明信片移到了最右边。他拿开手，靠在椅背上，读着卡片上按顺序排列起来的字母：P-O-L、E-H-O、P-O-I、N-T。

这难道是……

克鲁兹非常激动。他在电脑上打开了卫星地图，输入P-O-L-E-H-O-P-O-I-N-T，然后点击搜索，开始定位。地图开始沿着太平洋向西移动。当红标出现在夏威夷群岛西端的尼豪岛时，克鲁兹的心怦怦直跳。这是一个多么完美的藏身之处，就在距离考爱岛几十千米的地方。原来法洛菲尔德博士一直躲在克鲁兹眼皮子底下！

"儿子？你还在吗？我以为你断线了。"

"爸爸，我在。"

不仅如此。

现在，克鲁兹知道自己的目的地了。他要回家。

"尼豪岛？"兰妮抚摸着她的银锁，问道，"那座禁岛？你确定？"

"我确定。"克鲁兹说。他在早餐前把朋友们召集到了兰妮的房间，跟他们分享这个消息。

"禁岛！"赛勒快步走到亚米身边，研究着克鲁兹平板电脑上的地图，"听起来很危险。"

"不，"克鲁兹说，"它是一座私人岛屿，仅此而已。我爸爸说，在二十世纪五十年代小儿麻痹症流行的时候，它有了'禁岛'这个别称。那时候想要上岛必须有医生开具的证明，还要隔离两周。这一措施确实有效，整个岛上一个患小儿麻痹症的人都没有。正是由于上岛的限制，这个别称就这样被保留了下来。"

"现在住在岛上的人不多，"兰妮解释道，"那里没有餐馆、商店，没有铺好的马路，也没有互联网……"

"没有互联网？"亚米的心情眼镜发出代表惊恐的白光。

"我们曾绕着这座岛航行过，然后潜到了海岸附近。"兰妮说，"想要登岛，必须得到岛主的同意。"

"我们会得到允许的。昨晚，我给海托华博士发了紧急信息。"克鲁兹说。

如果有谁能帮助他们，那这个人一定是学院的院长了。然而，克鲁兹担心的是时间不够用。要想在周一早上上课前赶回来，他们必须今天下午就出发，而他到现在还没收到海托华博士的回复。

"法洛菲尔德博士一定在这里。"亚米敲了敲地图上的一个地方，说道。与这座禁岛的其他大部分地区一样，这个地方覆盖着茂盛的植被，只有偶尔出现的小径割裂了这片自然景观。他们可以看到白色海浪呈三角形袭来，拍打着岩石和宽阔的沙滩。海岸上，一座小巧的方形建筑坐落在象牙白的沙滩和杂乱的灌木丛的交接处。一条泥土路蜿蜒曲折地通向那座建筑。亚米上下移动地图，又左右摆弄着。

"这是这座岛北部唯一的建筑。看来法洛菲尔德就在这里。"克鲁兹也得出了同样的结论。

"很好。我们现在可以吃饭了吗？"亚米用手摸着肚子，喃喃地说道，"我饿了。"

克鲁兹离开兰妮的房间时，瞥了一眼走廊对面赛勒和布兰迪丝的房间。

"她去见奈奥米时要做的第一件事就是忏悔。"赛勒说。

当他们经过宿舍管理员紧闭的房门时，所有人都回头驻足。

"不知道她会怎么样。"兰妮说。

"要么停学，要么被开除。"亚米回答，"她违背了荣誉准则。"

"还伤害了我们。"赛勒平静地补充道，"布兰迪丝和我聊了大半夜。她认为你在恨她。其实你并不恨她，对吧？"

"嗯。"克鲁兹说。

在餐厅里，克鲁兹用两片加了草莓糖浆的华夫饼来"浇愁"。他抓起一杯橙汁，和朋友们一起来到他们常坐的那张桌子前。透过布满雨滴的窗户，厚厚的乌云看起来像个驼背的"怪物"，正用铁灰色的大手抓着午夜的深蓝海浪。

就在夜里的某个时候，"猎户座号"起锚了。此时，他们正沿着南美洲东海岸向北航行，准备返回美国。克鲁兹正在切着华夫饼，黏稠的糖浆就像熔岩一样从华夫饼的空隙流了出来。

克鲁兹想知道海托华博上会不会开除布兰迪丝，毕竟这学期只剩两周半了。他们将在下周提交最后一次实地考察报告，然后复习功课，为期末考试做准备。之后，这艘船将停靠在波托马克河的国家港口。学院的所有船都应该在同一时段返回。来自各个年级的探险家们会聚集在探险家学院的总部，一起参加毕业典礼，度过忙碌的一天。

"奈奥米·拜伦呼叫克鲁兹·科罗纳多。"

克鲁兹手忙脚乱地输入通信密码，结果把一块沾满糖浆的华夫饼推到了桌子对面。它没有打中亚米，却打中了兰妮，糖浆溅到了她的袖子上。克鲁兹抱歉地看了她一眼，并把餐巾纸递给她。"克鲁兹收到，请讲。"他对班级顾问说。

"我需要马上见你。你能……"

"马上就到！完毕。"他猛地推开椅子，说道，"对不起，兰妮！我再去给你拿几张纸巾……"

"没关系。"她轻轻地擦拭着自己的夹克，说，"我自己来就好。"

"我们帮你收餐盘。"赛勒说，"快去吧！"

克鲁兹飞奔到甲板上，发现奈奥米房间的门微微开着，布兰迪丝不在。克鲁兹走了进去，轻轻地关上身后的门。他刚一转身，一个白色的不明物体就朝他飞来。克鲁兹一把抓住小狗，拨弄着它脖子上柔软的皮毛。"嘿，小家伙。"

奈奥米也在舱内，坐在她最喜欢的那把浅蓝色椅子上。这让他想起了那次库斯托队破门而入，赢下了娱乐日的寻宝游戏。获胜之后，泰琳奖励了他们每人一个时间胶囊。她让克鲁兹配合，向大家演示了时间胶囊的工作原理。她把自己第一次在学院里见到克鲁兹的记忆装进了胶囊，将胶囊放在他手里，让他向其他同学描述自己的体验。克鲁兹后来一直没有把胶囊还给她，而她也没有要过。克鲁兹希望她永远不会要回去。

"欢迎回来。"奈奥米示意他坐到她对面的椅子上。

克鲁兹屏住呼吸，急切地等待着学院的最终决定。他知道自己有点儿得寸进尺了。这学期马上就要结束了，他却要请假回家。海托华博士可能会让他晚几天再走。但如果他再耽误几天，涅布拉就可能了解到明信片的事，然后先他一步找到法洛菲尔德博士。他得让奈奥米明白，他必须离开——现在就走。

她没有卖关子："海托华博士同意你去夏威夷。"

太好了！

她继续说道："院长考虑过让你等到学期结束再离开，但考虑到布兰迪丝的情况，我们意识到时间紧迫。"

"谢谢，"他说，"那么，布兰迪丝……她告诉你涅布拉的事了吗？"

"她告诉我了。"她的回答很简短，但毫无疑问她很失望。

"海托华博士打算怎么处理？"

"我不知道。"

"她做的并不都是坏事。"克鲁兹搓着自己的指甲，说道，"她把从我这里拿走的一枚石片还给了我。如果她没有这么做，石片就会落入涅布拉手中，一切就都完了。我……我觉得应该告诉您这件事。"

"我会转告院长的。"她向前倾了倾身体，说道，"我知道布兰迪丝对你们队来说很重要。不管什么时候，你要是想找人说说话，我都是一个很好的倾听者。"

"好。"他用沙哑的声音回答。克鲁兹知道，他会原谅布兰迪丝的，只是需要时间。但他还能信任她吗？不太可能了。如果你连一个自己欣赏的人都不敢信任，那该怎么办？

"不管怎样……"奈奥米回到她的平板电脑前，说道，"这一趟我会陪你一起去。海托华博士正在想办法让我们得到登岛许可，也许我们可能得，呃……违反点儿规则——如果海托华博士没办法的话。我们会按照往常的路线走。罗哈斯机长会开飞机载着我们从机场出发，飞往特雷利乌的机场，我们会在那里转乘'神鹰号'，然后……怎么了？"

她注意到了克鲁兹向下撇的嘴角。

普雷斯科特也说过类似的话。这位涅布拉的卧底提到他一直在巴黎等他们。他知道他们要去卢浮宫，可能是布兰迪丝告诉他的，也可能是天鹅或狮子。关键是，涅布拉能预知他们的行动。

"涅布拉总是领先我们一步，"克鲁兹说，"有几次我们成功地战胜了他们，那是因为我们做了与他们预期相反的事情。所有这些都是……呃……是……"

都在他们的意料之中。奈奥米抿了抿嘴，她双眼紧盯着屏幕，说："是时候抛弃旧套路了，对吧？"她十指交叉，两臂伸到身前，掰着自己的指关节。"好吧，我愿意尝试新事物，但你一定要做好准备。最好也告诉兰妮、赛勒和亚米一声，让他们早点儿准备好。我们需要尽可能多的时间……又怎么了？"

"我在想……涅布拉会不会也预料到……我们有五个人？"

"可能吧……"

"那如果只有你和我去呢？"

"就我们俩？别人不一起？"

"两个人更有可能从涅布拉的人身边神不知鬼不觉地溜过去，你觉得呢？"

"没错，可是你的朋友……"

"他们会理解的。我会跟他们说的，我会解释清楚的。"

"当然，这取决于你。"奈奥米说。成年人总是这样，他们认为你做了错误的选择时，会让你自己承担一切后果。

克鲁兹知道自己在做什么，也知道自己为什么要这么做。他昨晚考虑了一整晚。

奈奥米说："涅布拉还会预测到另一件事。"

克鲁兹也知道这一点："我爸爸"。

"在一切结束之前，你不能告诉他你要回去，也不能去见他。"

"我不会的。"他信誓旦旦地说。

哈伯德嘴里叼着狗绳，朝奈奥米小跑过来——它想去草地上撒欢儿。

她抱怨着："啊？哈伯德，你非要现在去吗？"

"我带它去吧。"克鲁兹很积极。

"谢谢。等它玩够了，你能把它交给方雄吗？我会告诉她，你已经出发了，我和你要去度周末。你把这个消息告诉亚米、赛勒和兰妮，然后就收拾行李，尽快赶过来。我们现在要分秒必争。"

克鲁兹把狗绳系在哈伯德的项圈上，带着它朝门口走去。

"克鲁兹？"

他回头。

"你确定要这么做吗？"

"确定。"

其实他不确定。

克鲁兹确实想和朋友们一起去，很想很想。他们是一个团队——一个了不起的团队，总是能齐心协力地寻找线索、破解密码、解开谜团。然而，与普雷斯科特那场凶险的对峙对他打击很大。他离配方越近，处境就越危险。普雷斯科特称那是一场豪赌，一点儿没错。赌局里有赢家，也有输家，只是这场游戏的赌注是生与死。克鲁兹不怕面对狮子，不怕战斗，甚至也不怕死亡。好吧，也许他是怕的，但如果亚米、赛勒、兰妮、玛莉索姑姑或爸爸出了什么事，那情况会更可怕。克鲁兹知道，他将无法接受。

他会心碎不已、痛彻心扉，没有什么能救他，就算是塔迪尼亚血清也救不了他。

寻找法洛菲尔德博士

收件人：兰妮·基洛哈、卢亚米、赛勒·约克

主题：克鲁兹·科罗纳多

亲爱的兰妮、亚米和赛勒：

　　请不要生我的气，我现在和你们都认识的一个人在一起，我们要去一个你们都知道的地方，去处理一些你们知道的事情。我们得低调行事。相信我，这样对大家都好。

克鲁兹

　　兰妮，我不在的时候，你能帮我遛哈伯德吗？

　　亚米，我听说今天的晚餐有纸杯蛋糕。你能帮我抢一块巧克力口味的吗？谢了！

　　赛勒，如果你现在正忍不住对着电脑屏幕大声咆哮，我非常非常抱歉。

　　亚米，要不你还是把我的巧克力蛋糕给赛勒吧。

克鲁兹的额头抵在窗户上，初升的太阳像一只玫瑰色的眼睛，在地平线上窥视着大地。脚下，太平洋深蓝色的涟漪离机身越来越近。克鲁兹能听到小桌板放回原位的咔嗒声。

　　这是一次漫长的旅行——超过二十四个小时。一路上可谓是一波三折，还好奈奥米把他们原来的作息完全颠倒过来了。她安排了一个当地渔民把他们从"猎户座号"送到罗森。一上岸，他们就租了一辆带车斗的电动摩托车，骑着它赶去了特雷利乌。奈奥米租了一架单引擎飞机，没有选择主机场，而是从城镇边缘的一个小型私人机场起飞。两个人乘这架飞机去了阿根廷西部纳韦尔瓦皮湖边的圣卡洛斯－德巴里洛切。到那儿之后，他们又在安第斯山脉的山麓换乘了另一架私人飞机，向北飞往智利圣地亚哥的一个机场。在那里，他们登上了直达考爱岛的飞机。在去往圣地亚哥的途中，飞机遇到气流，这让他们本就漫长的旅程又增加了几个小时。如果他们能甩掉涅布拉的跟踪，那么耗费的所有时间和精力都是值得的。

　　奈奥米收起她的小桌板，说："着陆后，我们先租一辆自动驾驶汽车去海托华博士的度假别墅，她答应把她的船借给我们。"

克鲁兹一听急忙转身，不小心撞到了胳膊肘。"海托华博士在考爱岛上还有别墅？"

奈奥米把一根手指放在嘴唇上："就在波普海滩那边。"

克鲁兹感觉到飞机的机轮落在柏油路上，于是转身回到窗边。

到家了！

一下飞机，克鲁兹和奈奥米就去了最近的自动驾驶汽车租赁站。奈奥米谨慎地使用了现金支付，而且没有用真名。一到目的地，奈奥米和克鲁兹就拿上装备，沿着长长的码头往下走。克鲁兹一直在留意周围是否有涅布拉的卧底，但并没有发现可疑的人。这是一个宁静的周六早晨，至少到目前为止是。

"这就是我们的船。"奈奥米站在一艘白色的小型气垫船旁，船的背面用金色的手写体写着小船的名字——"北极星"。

奈奥米打开小船的盖板，和克鲁兹一起跳了进去。她把 GPS 坐标输入电脑，按下油门便起航了。奈奥米没说他们是不是已经获得了上岛许可，克鲁兹猜测，或许自己知道的越少越好。小船在平静的海浪中向西驶去，渐渐远离了考爱岛，接下来要穿过考拉卡希海峡。克鲁兹能隐隐地看到远处尼豪岛那长长的、陡峭的轮廓。接近尼豪岛时，奈奥米将船向北方转头。他们沿着航行路线经过了一大片平顶峭壁。

奈奥米正在减速行驶。克鲁兹从船舷向外望去，看到一群灰色的鲨鱼在青绿色的海水中穿梭。他数了数，共有二十三条！奈奥米熟练地避开礁石，把船开到了相对安全的区域。六只僧海豹正在附近晒太阳。它们对人类访客没显露出任何兴趣。一阵刺骨的风顺着山坡向房子吹去。上岸后，克鲁兹一直戴着太阳镜，但眼睛里还是被吹进了沙子。

他正要沿着杂草丛生的小路往房子后门走，奈奥米抓住了他的胳膊，说："小心。说不准我们会发现什么。"

克鲁兹激活了魅儿，命令它坐在蜂巢别针上。

这座粉灰色的平房微微向后倾斜，似乎是为了抵御海风的侵袭。奈奥米和克鲁兹踏上两级台阶，来到一个下沉式的门廊，门廊的每个角落都有摄像头，监视着周围的一切。接着，他们来到一扇没有把手的铁门前。门框的右侧安装了一个生物识别扫描仪，上面落满沙子。克鲁兹用袖子擦了擦它，轻轻吹走上面的灰尘，然后把眼睛对准镜头。他感觉心跳加快了。法洛菲尔德博士应该是利用探险家学院的数据库获取过克鲁兹的虹膜识别信息，但万一他没有……

他听到闩锁响了一声。铁板滑开了。

"魅儿，开启防御模式。"克鲁兹把手伸进口袋，拿出他的章鱼球。

奈奥米和克鲁兹跨过门槛，首先映入眼帘的是爬满绿色常春藤的象牙色墙壁、泛黄的白色复合地板、褪色的洋槐木橱柜和铺着白色瓷砖的柜台。这是一个再普通不过的厨房了。克鲁兹对眼前的奶牛壶和漏水的冰箱感到有点儿失望。他希望能看到一个带有未来主义风格的实验室，里面有冒泡的烧杯和最先进的机器人。

"哇！"奈奥米仰起头来，说道，"看这个！"

一幅手绘的尼豪岛地图在厨房的天花板上铺展开来。这幅地图色彩鲜明，地形翔实，许多名胜都用白色的手写字做了标记。这位艺术家还画了一些动物：在海边嬉戏的鲸，在沙滩上晒太阳的僧海豹，以及在草地上吃草的羚羊。

　　克鲁兹指了指地图上位于小岛北端的那个灰色小房子，说：“那儿应该写上‘你在这里’。”

　　“这壁画真漂亮。”奈奥米还在端详，“画这幅画一定

花了很长时间。"

克鲁兹侧身探向狭长的走廊，问道："法洛菲尔德博士？"

没有回应。

他正要步入走廊，奈奥米却走到他面前。"我四处看看。你待在这里。"

"但是……"

"待在这儿。"

"你知道的，我又不是哈伯德。"

"你要是就好了，"她打趣道，"狗比探险家更好训练。我很快就回来。"

克鲁兹松开了手里的章鱼球，放下背包。他往橱柜和抽屉里看了看，发现了一些炊具和餐具。他打开冰箱门。好家伙！食物腐烂的气味扑面而来，把他和魅儿熏得够呛。

嗡！魅儿晃着脑袋大声叫着。它的嗅觉和真正的蜜蜂一样，非常灵敏。

克鲁兹关上了冰箱门。

克鲁兹被熏得一直流眼泪，这时，奈奥米回来了。"这里没人，"她说，"从房子的情况来看，这里已经有一段时间没人住了。"

法洛菲尔德博士是自己离开的吗？还是发生了什么更糟糕的事情？为什么每次克鲁兹刚解决一个问题，就会有新的问题冒出来？

克鲁兹揉着后颈，问道："那我们现在该怎么办？"

啊！这又是一个问题。

"我不确定。也许学会的科学家们能帮我们……"

"不！我现在不会再相信任何人了。"克鲁兹慌了，"我在布兰迪丝的事上犯了一个大错，如果我再犯错……再说，我答应过……虽然好像没人理解……但我答应过我妈妈会听从她的指引。我答应她会把配方交给她指定的人……"

"不，克鲁兹，你没有做错。"

克鲁兹不再抱怨，并看向她。克鲁兹有些疑惑。

"你是跟妈妈做过承诺，"奈奥米说，"但你开始这段旅程的时候，并不知道自己会遇到什么，你妈妈也不知道。想一想亚米、赛勒、兰妮，还有你们克服的所有困难——你们解开的谜题，发现的线索，逃过的刺杀。"

克鲁兹疲惫地靠在冰箱上，说道："但如果我现在失败了，那一切又有什么用呢？"

奈奥米正要回答，她的话被引擎声淹没了。声音是从上面传来的。是一架直升机。

涅布拉！

"我们要逃吗？"克鲁兹大喊。

"太晚了。他们可能是看到我们的船了。"奈奥米拉着他，穿过厨房，朝走廊跑去。"左边的第一扇门后面是一个台风避难所。你进去，把自己锁在里面……"

"我不去！"

"克鲁兹，现在不是逞英雄的时候。照我……"

"不，我不会去的。如果我没有把你丢在虎穴寺……也许鲁克就不会……"克鲁兹抓住她的胳膊，央求道，"别赶我走！求你了，泰琳……"

"好，好。"她拍了拍他的手，说，"那我们就待在一起，反正我也需要你帮忙。"

直升机的轰鸣声越来越小。

奈奥米把背包扔到地上，跪下来打开最上面的拉链。她取出两个灰色的小圆筒，把其中一个塞进上衣侧兜里。"这是闪光弹，"她解释道，"虽然它的动静很大，光线刺眼，但是并不会造成严重的伤害。我的计划是这样的：门一打开，你就用章鱼球，而我就用这个。闪光弹应该能让他们晕头转向，这期间毒素就会生效，我们就有机会逃走。你有能遮挡口鼻的大手帕吗？"

"有。"克鲁兹把手帕从背包里拿出来系在脸上。

奈奥米靠在门左边的墙上，克鲁兹靠在门框的右边。他从口袋里拿出章鱼球，将拇指和食指放在蓝色开关边上，伸出手臂，然后瞄准。"魅儿，准备好。"他低声说。

这只蜜蜂的眼睛立时闪亮起来。

有声音！

涅布拉的人就在走廊上。狮子会和他们在一起吗？克鲁兹感到心脏怦怦直跳，甚至撞动着肋骨，他的呼吸变得

又浅又急促。他紧紧地抓住章鱼球，以至于章鱼球几乎要被捏裂了。克鲁兹听到门锁打开的声音。门在动！就在克鲁兹要扣动章鱼球开关的一瞬间，他注意到一团黄绿色和一团亮黄色的东西。只有一个家伙能创造出这种组合。"亚米？"

"克鲁兹！"亚米喊道，"你没事儿吧？我们在这里安全吗？"

我们？他不是一个人来的，兰妮和赛勒也跟他一起。

克鲁兹扯下他的大手帕，喊道："没问题，很安全！"

亚米、兰妮和赛勒急忙跑进厨房。克鲁兹根本不用问亚米是怎么打开安全门的。他一定是进入学院档案系统，得到了克鲁兹的虹膜识别信息或其他任何他认为可以用来通过安检的东西。

克鲁兹说："我们听到直升机的声音，还以为是涅布拉的人。"

"那就是涅布拉，"亚米气喘吁吁地说，"我们乘船过来的。一架涅布拉的直升机刚刚飞过去了。我们看到飞机上的标志了。"

"他们看到我们了。"兰妮说，"我不知道他们是怎么找到我们的。我们已经尽量不留下任何痕迹。我们没有坐学院的直升机，也没有搭乘'神鹰号'。卢文教授的一个朋友有一架喷气式飞机……"

克鲁兹抬起手，把手放在头上，问道："卢文教授……

在这里吗？"

"嗯。"亚米的心情眼镜迸发出绚丽的烟花，"你姑姑也在。他们坐着我们租来的船，把涅布拉的人引到岛的另一边去了。"

"玛莉索姑姑？"克鲁兹的喉咙哽住了，"我不想这样。"

"我们也没办法，"兰妮说，"要么跟他们一起来，要么就不来。我们本想溜出'猎户座号'，结果被他们抓住了……"

"你就应该带上我们，如果你和我们一起，那我们就不用这么做了。"赛勒毫不客气地说，"抱歉，我们没留在那儿吃纸杯蛋糕。我以为我们是一个团队。"她语调尖锐，就像破裂的玻璃，直击他的大脑。

"我们确实是一个团队。"克鲁兹坚定地说。

"我们走吧。晚点儿再说这个。"奈奥米试图让他们往门口的方向走。

"真的吗？"赛勒嘲笑道，"一个团队的人要团结在一起，队员不应该一个人跑掉。"

奈奥米停下脚步，朝克鲁兹皱起眉头。"我觉得你应该和他们谈一谈。"

"呃……是的……关于这件事……"他有些不知所措，"我……我……我……"

赛勒瞪着他，双臂交叉，说道："我觉得你想说的是'我不想'。"

"经历过昨晚的事之后，"克鲁兹说，"我不想再让你们陷入任何危险了。"

亚米说："我们知道自己当初是为了什么才加入这个团队。"

"等一等，昨晚发生了什么？"奈奥米的太阳穴好像在突突地跳。

"和你们一样，我们也在努力寻找线索，"赛勒喊道，"我们就应该在这里。我们想留在这儿。"

"好了，我们以后再谈。"奈奥米坚定地说，"各位探险家，我们现在得走了。"

兰妮环视着厨房："法洛菲尔德博士那边是什么情况？"

"他不在这里。"克鲁兹拿起自己的背包，说，"这条线索又断了。"

"所以那些安卡符号没有任何意义？"亚米盯着天花板，问道。

每个人都抬起头来。壁画变了！这幅画上叠加了全息影像。这时，地图上出现了两个金色的安卡符号：一个在这座房子的顶部，另一个在帕尼奥山（尼豪岛上的一座山）上。一条白色虚线把这两个地方连接了起来。

克鲁兹艰难地吞下一口唾沫。

赛勒踮起脚尖，说道："可我没有看到任何 GPS 坐标。"

兰妮说："也许魅儿可以将这幅画与卫星照片进行比较，方便我们接近那里。"

魅儿可以，它也确实做到了。魅儿对数据进行了分析，定位了山顶的位置。克鲁兹一边研究着魅儿在屏幕上标出的路线，一边说："蜜蜂飞过去的话，要飞 3000 多米。悬崖挡住了我们的路，我们绕路过去要多走 2000 多米。"

赛勒按下按钮，打开门。

"魅儿，我们跟着你，"克鲁兹说，"记住，我们可都不会飞。"

小蜜蜂眨了两下眼睛，然后带领队员们前进。他们一边迅速前行，一边四处寻找任何可能和涅布拉有关的迹象。巨大的岩壁在远处若隐若现，魅儿带领他们进入西南方向的一片灌木丛生的沙地。他们越往前走，灌木越浓密，树木越高。他们知道，茂密的树冠会让涅布拉难以从空中发现他们。魅儿沿着悬崖边缘飞行，发现了一条沿着峭壁蜿蜒而上的小径。陡峭的山路十分考验他们的体力和耐力，但好在走这条路是值得的。因为魅儿重新计算后发现，走捷径可以让行程缩短 1000 多米。

到达山脊的顶部后，他们又掉转方向，沿着东南方的圆屋顶似的高原前进。

魅儿在空中盘旋着。它把头转向克鲁兹，好像在说：我们到了。

他们到山顶了。

"干得漂亮，魅儿。谢谢你为我们带路。接下来好好休息吧。"克鲁兹拍了拍别在夹克上的蜂巢别针，魅儿落在了上面。

四处都是低矮的草丛和浓密的灌木，角豆树在肥沃的红色火山土中生根发芽。这里没有建筑，克鲁兹也不觉得他们会找到什么建筑。如果法洛菲尔德博士足够明智的话，他应该躲在地下的某个地方，如躲在熔岩洞里。

克鲁兹说："大家分头行动，寻找熔岩洞的入口。"

"别走太远，"奈奥米补充道，"在我的视线范围内活动。"

兰妮单膝跪下，打开背包。克鲁兹以为她在找零食，直到看见她拿出一小捆紫色的金属管。每根管子直径为十几厘米，长约30厘米。把它们首尾连接在一起后，兰妮将铰链抻直，组成一根长管子。管子顶端是平的，底部是尖的，克鲁兹觉得金属管上似乎还有一层橡胶涂层。

她看到克鲁兹瞪大了眼睛，于是说："和树说话是我的专长，记得吗？"

原来已经做出模型了！太厉害了！

克鲁兹碰了碰长管，问："你就是这样连接菌根网络的吗？"

"没错。我会利用平板电脑，通过这根管道，以二百二十赫兹的频率向植物根系传送莫尔斯电码，以实现传递一条简单消息的目的。管道会接收到回应，并将其传送到我的平板电脑上，然后软件会将树木发出的莫尔斯电码翻译出来。我叫它'植物根系强化信号交流器'，简称'BARC'。"

兰妮站起来。她用手掸了掸外套两侧的灰尘，环顾了一下四周，说道："这些角豆树应该可以。"

"这种树根系发达。"克鲁兹表示同意。

由于他们生活在考爱岛上，两位探险家都知道角豆树是一种豆科植物。在像尼豪岛这样雨水不多的地方，角豆树主根会扎入很深的位置，而其他根所在的位置较浅，方便分布开来吸收水分。

"我其实没什么把握，"兰妮说，"希望这些树能给我们一些关于法洛菲尔德博士下落的线索。"兰妮从背包里拿出一个小木槌，朝一棵大树走去。"最大、最古老的树通常被称为'中心树'。研究发现，一棵中心树可以连接很多树。这棵树应该就是中心树。"她说。

兰妮把"BARC"插进土里，看到克鲁兹怀疑的表情，说："你觉得行不通，是吗？"

克鲁兹有点儿尴尬。他抬头盯着那些扭曲的树枝，说："可能是吧……我也不知道……"

"你觉得这很疯狂？很荒诞？很不可思议？"

"嗯，是的……有一点儿。"

"你觉得哪个是不可能的？亚米的心情眼镜？方雄的章鱼球？还是我的收音管？"

"如果说，有人能把不可能变为可能，那这个人一定就是你，兰妮。"

她满意地点了点头，转头看向她的平板电脑。克鲁兹不再打扰兰妮，转而开始擦拭刷子。他正在考虑是否要去砍掉一些荆棘，这时听到亚米在叫他。

克鲁兹赶过去，发现亚米正站在一个红色塑料把手旁边。它看起来像是一个小孩用的铲子的把手，但还是很难确定到底是什么，因为除了这个把手外，其他什么都看不到。"我被它绊倒了，"亚米说，"它在泥土里插得很结实。在这里找到一个玩具的部件，似乎很奇怪，你觉得呢？"

克鲁兹正要说他也这么觉得时，用余光看到一道棕色的光一闪而过。有什么东西在动！起初他以为那是一只羚羊，但很快就意识到不对。那不是羊角——是人的头发。

玛莉索姑姑！

她伸着胳膊，低着头，几乎是在灌木丛中跳跃。大把的头发从她的发髻上散了下来。她棕褐色夹克的前襟上沾染着红色的污迹。

克鲁兹向她跑去。"玛莉索姑姑！"

她猛地抬起头来。"克鲁兹！"她尖叫道，"快跑！"

庐山真面目

玛莉索姑姑声音中透出的恐惧让克鲁兹脊背发僵，但他没有跑开，而是愣在了原地。

两个男人从后方扑向姑姑：一个身材矮小但肌肉发达，下巴长满了毛茸茸的胡子；另一个又瘦又高，头发又长又乱。克鲁兹认出了他们。他们就是在秦始皇兵马俑博物馆袭击自己的涅布拉卧底！他知道那个高个子的代号是"蝎子"。两人都穿着迷彩夹克，携带激光步枪。较矮的卧底抓住了玛莉索姑姑的胳膊肘。克鲁兹惊慌失措，四处张望。卢文教授呢？他去哪儿了？

奈奥米和赛勒听到了骚动声，迅速穿过灌木丛赶来。兰妮也朝他们冲过去。

"停下！"蝎子见他们都赶了过来，便命令道，"我说停下！"他朝天开了一枪。脉冲击中了一根角豆树的树枝，把它点着了。

他们乖乖停了下来。克鲁兹估量了一下他们每个人的位置。玛莉索姑姑和劫持者就在正前方大约9米远的地方。奈奥米和赛勒在他右边大约6米远的地方，兰妮在他左边，距离他也差不多6米远。克鲁兹没看见亚米，估计他还在自己身后。

"克鲁兹·科罗纳多！"蝎子的声音穿透树枝燃烧产生的烟雾，"我们要你和你的石片。如果你跟我们走，我们就放了她。你有十秒钟的时间。十……"

"我跟你们走！我这就来！"克鲁兹大喊道。他一秒钟都没有犹豫。

"在原地待着，科罗纳多。"蝎子又命令道，"剩下的人，离开山顶。沿这条路往东走，别回头看，否则你们会后悔的。现在就走！"

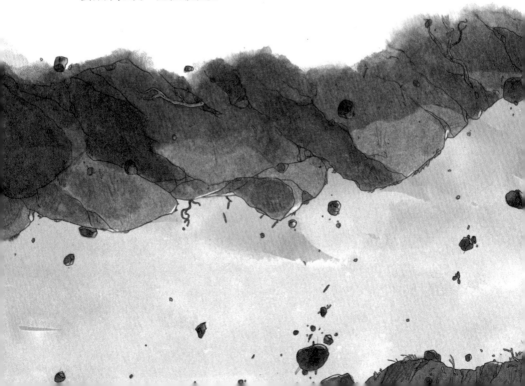

抓着玛莉索姑姑的卧底把她推开了。奈奥米和赛勒跑过去接她。三人向克鲁兹的左边走去。克鲁兹用眼角余光看到兰妮和亚米正慢跑着追上他们。看着他的朋友们、奈奥米和玛莉索姑姑消失在灌木丛中，克鲁兹使劲儿咽了口唾沫。

　　此刻，他孤立无援了。

　　克鲁兹知晓自己接下来的命运，这让他浑身战栗。涅布拉的卧底正朝他逼近。

　　克鲁兹又感到一阵颤动。然而，这一次不是他自己在颤抖。眼前的情景让他想起了在"猎户座号"上的那次。地面开始像波浪一般缓慢地翻滚起伏。被太阳晒得通红的地面正在开裂。

是地震！

克鲁兹惊讶地看着两个卧底之间的土地撕开了一道锯齿状的裂缝。一条地缝正在裂开，像一张贪婪的大嘴，大口大口地吞下泥土、岩石和青草。克鲁兹想，他不能坐以待毙，等着这个洞把他也吞下去，于是他向着小路冲过去。他刚跑了几步，脚就踢到了一块石头。克鲁兹摔倒了。他想爬起来，但脚下的一切正在坍塌。他不停地滑倒。泥土落进他的眼睛里，塞进他的鼻子里。克鲁兹拼命挥舞着胳膊和腿，试图触到一个能让他抓住或站住的东西。可是一切都在分崩瓦解。他能感觉到自己在往下滑，但却无能为力。克鲁兹眼看就要跌进火山口了！

他感觉自己的肩膀要断了。

"坚持住！"伙伴们的声音传来。

克鲁兹一只手抓住泥土，另一只手胡乱地在空气里摸索。突然，他的手碰到了什么坚硬的东西。金属？是兰妮的"BARC"！克鲁兹立马抓住。他紧紧地抓着管子，被人拖出了裂缝。回到坚实的地面后，他抬头看着赛勒和兰妮的脸，说道："谢谢！"

"我们快离开这里！"奈奥米像抓一个毛绒玩具一样抓住克鲁兹，把他拉了起来，然后他们跑向山坡，姑姑和亚米正在那里等着他们。他们六个人挤在一起，直到震动平息。虽然可能只过了一两分钟，但他们感觉过了很久，感觉像是过了一辈子。

当一切又恢复平静时，他们抬起头来。尘土正在降落，角豆树也不再燃烧，空气中只剩下木头烧焦的气味。

"大家都没事儿吧？"奈奥米问道。

除了几处擦伤和磕碰，他们都很好。

克鲁兹扫视着高原。"小心点儿。涅布拉的卧底……"

"我想他们已经走了，亲爱的。"姑姑严肃地说。她看了看前方地上的大坑。

一行人慢慢地向大坑走去。这个坑很大，直径至少有18米，而深度可达30米，也可能更深。克鲁兹从大坑边缘往里看，黑色的熔岩碎块夹杂在树根、灌木丛和其他碎片之间。看起来不可能有人能在这样的坍塌中幸存下来。不过，他还是得确认一下。

"魅儿，飞到里面看一看还有没有人活着。"克鲁兹命令道。

他们看着它俯冲进坑里。

克鲁兹转向玛莉索姑姑，问道："卢文教授怎么样了？他们有没有……"

"他没事儿。涅布拉的卧底破坏了我们的船，把他留在了岛东侧的海滩上。他们要找的人是我，想以此来抓住你。"

魅儿回来了。它给克鲁兹的电脑发了一份报告，说找到那两名卧底了，但他们都死了。

"伙计们？"兰妮盯着自己的平板电脑，说，"'BARC'……

259

我不知……这正常吗？"

"怎么了？出什么事儿了？"克鲁兹问道。

"它传来一条信息。"她把屏幕转过来给他们看。

克鲁兹看到了四个词：痛，危险，快走，离开。

赛勒瞥了一眼那烧焦的角豆树，问道："会不会是……"

兰妮说："它在提醒其他树，让它们小心火灾。"

亚米补充说："所以它们把各自的树根从被蝎子打伤的那棵树的树根处移开了。"

"所以导致了地面塌陷，"克鲁兹总结道，"它做到了！它和其他树交流了。"

这太疯狂了！太不真实了！也太不可思议了！

然而……

赛勒盯着那棵角豆树，说："我不知道树也能有感觉。"

"它们为什么不能呢？"玛莉索姑姑问，"它们是有生命的，生命是非凡的。"

奈奥米轻轻地吹着口哨，然后说道："确实是。"

他们惊奇地盯着森林，好像第一次见到树干、树枝和树叶一样。也许他们确实是第一次见到这样的树干、树枝和树叶。

兰妮打破了这段平静。"不过，我觉得我的发明还需要改进，"她说，"我收到了来自'BARC'的另一条消息，但这条完全说不通。"

"是什么？"玛莉索姑姑问。

"人类，下面，红色，把手？"

克鲁兹和亚米对视了一眼。

"这完全说得通，兰妮。"克鲁兹说道。

很快，六个人围着从土里伸出来的红色小把手，疯狂地挖了起来。挖了约 30 厘米深后，他们发现这个把手确实是一个塑料小铲子上的。玩具铲子被粘在一个 1.8 米见方的金属板上。克鲁兹、兰妮、亚米和赛勒每人拿起一角，把板子提了起来。他们把金属板移到一边，一个巨大的黑色电脑屏幕露了出来。屏幕一侧嵌着一个椭圆形的标签，上面写着：把手指放在这里。

没人需要问这是干什么用的，或是为谁准备的。

克鲁兹吹掉了一层红色的灰尘，然后把食指放在了凹陷处。他们等待着指纹验证结果出现在屏幕上。

"啊！"克鲁兹猛地把手抽开，发现指尖上有三个小小的刺痕，"它刺伤我了。"

"血液生物测定，"兰妮说，"刺得不错。"

"很好的'双关'。"亚米笑着说。

克鲁兹吸吮着手指。

"嘿！"赛勒在屏幕前站定，说道，"它变了！"

一排红色的挂锁图标（共四个）出现了。每个锁下面都有两个空格，用来输入帮助解锁的数字。在锁的上方，电脑显示了一条信息：

你们"周期"研究的大地和海洋的元素。
与每张明信片相关的城镇的最后一个字母。

"我明白了。"赛勒说,"解谜的关键是那四张明信片上寄件地址的最后一个字母。让我看看……一张来自哈纳莱(Hanalei),是 I。"

"一张明信片来自华盛顿特区(Washington, D.C.),"克鲁兹说,"是 C。"

"一张来自纳米比亚的奥奇瓦龙戈(Otjiwarongo),因此是 O。"兰妮说,"还有一张来自不丹的帕罗(Paro),也是一个 O。"

"I 是……字母表中的第九个字母。"赛勒正在数字母表中的字母,"C 是第 3 个,O 是第 15 个。"

在触摸屏上,克鲁兹在第一把锁下面输入了 09,在第二把锁下面输入了 03,在第三把锁和第四把锁下面都输入了 15。

挂锁的图标仍然是红色的。赛勒哼了一声,说道:"这个方法行不通。"

"等一等,我们忘了线索的前半部分了。"亚米说,"大地和海洋的元素?周期?"

兰妮拍了拍大腿,喊道:"元素周期表!"

"我来查。"赛勒去拿她的平板电脑。

"我敢打赌它要的是 I 的原子序数,I 在元素周期表中代表碘，"亚米推断道，"赛勒，I的原子序数是多少？"

"呃……等一下。"

"C代表碳。"兰妮说。

"O代表氧气。"克鲁兹说。

所有的目光都转向了赛勒，她的双手在屏幕上飞舞。"好了，克鲁兹，输入这串数字：53，6，8，8。这是碘、碳和氧的原子序数。"

克鲁兹按照她的指示输入数字，同时在没有十位数的数字前加了0。一把把挂锁图标都变成了绿色。

"它在熔解！"克鲁兹叫道。

"你是说那些字吗？"玛莉索姑姑问。

"整个屏幕！"

屏幕和扫描仪逐渐消失，露出一个洞。大家都围过来，向洞里看去。这个洞只有约1米宽。黑色熔岩壁凹凸不平，岩壁一侧固定了一竖排金属把手。是个梯子！

"你最好第一个下去，"亚米对克鲁兹说，"可能会有别的验证关卡。"

"我已经贡献过我的血了。"克鲁兹用拇指摩擦着他被刺伤的食指指尖，说道，"法洛菲尔德博士还想要什么？"

"你的口水。"亚米说。

"你的头发。"兰妮说。

"你的尿液。"赛勒耸了耸肩，说。

这让他们哈哈笑了起来。

"各位探险家，请注意。"玛莉索姑姑坚定地说，"如果我们是在执行学院的任务，我是不会让你们这么做的，但鉴于这似乎是我们的'东道主'精心设计的路线，我就允许你们冒这个险。不过，你们必须听从我的指示。清楚了吗？"

这确实是某人精心设计好的路线。

"保护好你们的胳膊，戴好手套。"她说，"熔岩纹理粗糙，能划破皮肤，因此要小心，不要碰到它。另外，这种岩石很脆，它们很容易断裂。我们没有头盔，灯光也很微弱，要时刻保持警惕，眼观六路，耳听八方，注意要去的地方。最后，到了下面，我们一定要待在一起。这座火山内部有绵延数千米的熔岩隧道，如果迷路……呃，最好不要迷路。"

他们明白了。

克鲁兹把腿伸进洞口。兰妮紧紧抓住他。他把脚踩到第一个把手上。魅儿给他照明，克鲁兹爬了下去，进入地下空间。其间，他想都没想就向后一靠，想伸伸胳膊，结果粗糙的岩石卡住了他的背包。他试了好几次才挣脱了那块像魔术贴一样的石头。他继续往下走，这次他紧紧抓着梯子。克鲁兹数了数，他走了174级，脚才碰到地面。

克鲁兹像树懒一样缓慢地挪进洞穴。一块块裂开缝的熔岩从下面冒出来。头顶上，蚯蚓般弯弯曲曲的岩石从低矮的洞顶垂下。克鲁兹现在理解了姑姑的警告。单单

一个扭曲的岩石碎片掉落下来，或许就能戳死一个人。兰妮、亚米、赛勒、奈奥米和玛莉索姑姑陆续来到垂着一条条岩石锥的洞顶之下，和他会合。

"那些是熔岩柱。"姑姑解释说。

"这里就像另一个世界。"兰妮低声说。

"一个非常非常怪异的世界。"赛勒说。

魅儿照亮了路，他们沿着沟壑纵横的洞穴螺旋式地往下走。每隔大约 30 米，就会有一个较小的熔岩隧道从主隧道分叉出去，但由于没有任何标记指示他们应该转进去，他们就继续沿着主隧道前进。地面趋平之后，洞穴通向一个宽敞的空间。这个洞看起来有探险家学院总部食堂的两倍大。一团团褐色岩石沿着墙"滴落"下来的样子，就像凝固在时间里的软糖。它们看起来太逼真了，克鲁兹看得肚子都咕咕叫了。还有其他几条隧道也通往这个空间。

"四处看看吧。"玛莉索姑姑说，"但是不要离开这个地方。"

他们分头行动。

魅儿停靠在它的蜂巢别针上休息，克鲁兹开始观察那些褐色的岩石团。岩上的一个空隙引起了他的注意。他把头探进那个角落，看到了他从未想到会在火山深处看到的东西：他自己的倒影！

这是一面全身镜。

"玛莉索姑姑！奈奥米！库斯托队！"克鲁兹放低声音喊道。

镜子的表面慢慢显现出一条荧光蓝色的信息：保持静止以便识别身份。

克鲁兹没有动。魅儿也没有动。他可以从倒影中看到它还在紧紧抓着他的上衣。大家都挤到克鲁兹身后。

"魔镜啊魔镜，墙上的魔镜，"赛勒哼哼着，"请说克鲁兹是世界上最美的人。"

十秒钟后，它给出了识别结果：

克鲁兹·科罗纳多身份，确认。

亚米说："面部识别可能会与之前的血液样本相结合。"

镜子上的字消失了，取而代之的是一条新信息：你完成彼得拉·科罗纳多的任务了吗？请语音回答。

"是的。我拿到了完整的石片。"克鲁兹觉得有点儿头晕，可能和他心跳加速有关。

屏幕上出现了一条信息：恭喜你！

克鲁兹成功了！门马上就会打开，法洛菲尔德博士会和他打招呼，然后拿走石片，继续研制配方。克鲁兹跳了起来，等待着开门的嗖嗖声。然而什么也没发生。

屏幕上又出现了一条信息：涅布拉仍然是个威胁吗？

他犹豫了。如果克鲁兹回答"是"，法洛菲尔德博士可能就不会让克鲁兹进去。另一方面，克鲁兹又不能撒谎——布吕梅仍然逍遥法外……

这句话又重复出现了，这次用了更突出的字体：涅布拉仍然是个威胁吗？

克鲁兹犹豫了："呃……呃……"

"上面写了什么？"赛勒问。

"它想知道涅布拉是否仍然是一个威胁。"克鲁兹说。

"是啊！"一个熟悉的声音响彻整个空间，"我想说涅布拉绝对还是一个威胁。"

从镜子里，克鲁兹看到一把激光手枪正指着他们的后背。

而那个手指扣在扳机上的人是……

卢文教授。

另一个身影

"阿切尔？" 玛莉索姑姑问道。

"赫齐卡亚，"他纠正道，"赫齐卡亚·布吕梅。"

他瞪了亚米一眼，说："代号是'狮子'，伪装成涅布拉卧底的人都知道这个名字。"

克鲁兹目瞪口呆："你是说……你的意思是……你是涅布拉吗？"

"而你竟然敢称自己是探险家，"布吕梅嘲笑道，"我已经给了你一个关于我身份的重要线索。"

克鲁兹曾经爱戴的老师，曾经信任的导师，曾经崇拜的人，事实上，却是自己最大的敌人！

布吕梅查看了一下洞穴。"我的人去哪儿了？蝎子？"他转过身又喊道，"科莫多龙？"

"地面出现塌陷，"奈奥米干脆地说，"他们都没能活下来。你如果还挥舞着那把激光枪，是很容易导致再次塌陷的。"

布吕梅抬起头，扫视着熔岩柱，似乎很想把整个岩柱砸到他们身上。他看向克鲁兹，说："你必须跟我走，我需要你和石片，这样我们才能研究血清的功用。我保证不会让你受到伤害。"赛勒听到这话，在一旁哼了一声。

"作为回报，我会放其他人走。我认为这个交易很公平。用你的命，你那十分漫长的生命，来换他们的命，不好吗？"

"当然不好！"玛莉索姑姑说，"听着，阿切尔……赫齐卡亚……无论你是谁……我曾经以为你是我们探险家学院的一员……"

"不再是了，"他打断姑姑的话，"我确实喜欢教师这个职业，但我当教师另有所图。玛莉索，我的首要身份是生意人。克鲁兹，你觉得怎么样？接受我的条件吗？"布吕梅抬起头，"不然我把你们全都留在这里。"

布吕梅清楚地知道，克鲁兹已经走投无路了。

克鲁兹说："我同意。"

"够果断。"布吕梅的嘴角挤出一个恶魔般的笑容，"我喜欢。"

他的回答勾起了克鲁兹的回忆。克鲁兹之前仿佛在某个地方听他说过这话。过了片刻，他才想起来是在哪里。

"在课堂上……当时我们正在选冰山。"

"你在嘟囔什么？"布吕梅厉声喝道。

"去丹杰群岛执行任务的那天，出发之前，在课堂上你看起来有些生气。当我们执行完任务回去时，你已经勃然大怒了。"克鲁兹回忆起来，"我原以为是因为我们没有赶在截止时间之前回到'猎户座号'，现在看来，事实并非如此。真正的原因是布兰迪丝搞砸了你的计划，你很生气。布兰迪丝本应按照你的指示选择三角形的冰山，因为这样你就可以顺理成章地成为那次任务的指挥者。可惜她并没有照做，而是选择了有尖峰的冰山，这就意味着你无法接近我。"克鲁兹盯着布吕梅。

布吕梅轻轻地点了点头，但他什么都没有说。

"我明白了！"兰妮突然激动地大喊，把克鲁兹吓了一大跳，"'A. Luben（阿切尔·卢文）'和'Nebula（涅布拉）'的拼写顺序正好相反。"

"给这位小姐加五十分，"布吕梅咯咯笑着，然后举起枪，"不要再浪费时间了，我们出发吧，克鲁兹。"

克鲁兹走出来，看到奈奥米下巴僵硬，脖子上青筋暴起。玛莉索姑姑则紧锁着眉头。

"先把石片给我。"布吕梅命令道，"我知道你有生物力场盾。"

克鲁兹摇了摇头，说："不，等我们离开这里，等我确认他们都安全了，我才能给你。"

布吕梅举起激光枪，瞄准玛莉索姑姑。

"可以……我是说可以，"克鲁兹屈服了，"石片是你的了。"

克鲁兹慢慢地朝布吕梅走去。他把手伸进衬衫，拿出石片，低头解开系在石片上的挂绳。与此同时，他的手在夹克上轻轻地蹭了蹭，顺带拿了别的东西。布吕梅早已伸出手，等着克鲁兹交出石片。克鲁兹的心怦怦直跳，他站在布吕梅面前，伸出胳膊。石片落入布吕梅的手掌心。

魅儿也一同落入布吕梅的手中。

"魅儿，启动防御模式！"克鲁兹命令道，"魅儿，瞄准握着你的人，蜇他！"

"啊！"魅儿将毒刺扎进布吕梅的肉里，布吕梅顿时疼得大叫起来。还没等魅儿脱身，他猛地伸出胳膊，击中了魅儿。顿时，这只机器蜜蜂失去了控制，撞向布吕梅身旁的墙，摔落在地上。"干得漂亮！"布吕梅疯狂地咆哮着，抖了抖自己受伤的手掌，"要想阻止我，一只小小的蜜蜂可远远不够。克鲁兹，放下你的背包，脱下夹克，把它们都给我扔在那儿。"

"可是……"

"按我说的做。别给我耍花样。"

克鲁兹出了一身冷汗。没有了通信别针、章鱼球、真话仪、影子徽章，还有平板电脑，他便没有了帮助自己逃跑的装备。

在布吕梅的注视下，克鲁兹把背包和夹克放在了地上。

布吕梅扔给克鲁兹一个迷你手电筒。

"现在，走！"

克鲁兹从激光枪前走过，径直走向洞穴的另一边。进入隧道之前，他最后看了同伴们一眼。克鲁兹猜他们应该在绞尽脑汁地思考如何救自己，这让他感到很欣慰，然而，他知道自己被救的可能性很小。克鲁兹很难再见到他们了。

克鲁兹挥着手，心里默默地说：爱你，玛莉索姑姑。再见了，奈奥米、亚米、赛勒，还有兰妮。谢谢你们让我度过生命中最美好的一年。

他打开手电筒，钻进了熔岩隧道，和布吕梅一起爬上斜坡。布吕梅不是一个值得信任的人，克鲁兹没指望自己能活多久。但是他还剩多少时间呢？几天？几小时？还是几分钟？有些事情他必须知道，而这些问题只有布吕梅能回答。

"是你在土耳其把我推到山洞里的，对吗？"克鲁兹问道。

布吕梅咯咯地笑了起来，说："那简直太容易了。"

"那我妈妈又是怎么回事儿？"

"她太不走运了。我给过她很多次跟我合作的机会，她都不珍惜，是她逼我那么做的。"

"所以你就烧了她的实验室。"

"她的实验室？"布吕梅哼了一声，说，"难道她在日记里没有提到过是谁资助她进行研究的吗？"

"她说过是你资助的，但是……"

"这就对了。如果不是我，她永远都不会发现血清。配方本来就是我的，可她偏不承认。"

"她怎么能承认呢？你会毁掉血清的。"

"我花的钱，我的血清，我说了算。"

"可那是她的劳动成果。还有血清能帮助到的那些人呢？你对全世界都要负责任……"

"你妈妈有责任遵守我们俩之间的合约，这就是商业世界的运作方式。听着，克鲁兹，我承认，为了走到今天这个位置，我确实采取了一些强硬手段。我也有依赖我的人……我不指望……你能理解。"隧道越来越陡，他的呼吸变得急促，"你还是个孩子，等你拥有……自己的家庭时……"

"我也有过完整的家！"克鲁兹愤怒地喊道。

布吕梅没有回答。

克鲁兹经过一个熔岩隧道分岔口时，回想起姑姑说过的话：这座火山内部有绵延数千米的熔岩隧道。

这让他灵光一闪。

"所以……呃……布兰迪丝知道你的真实身份吗？"克鲁兹慢慢加快脚步。

"她并不知道。我非常谨慎，只用短信与她联系。她这个人难以捉摸，我不能冒险，免得她向你和其他探险家泄密。"

克鲁兹走得更快了。

"站……在那儿。"布吕梅气喘吁吁地说。

克鲁兹并没有理他，继续快速往前走着。他已经能看见下一个分岔口了，再走几米就到了。

"我说了……给我站住。"

克鲁兹头也不回地钻进分岔口逃跑了！

"克鲁兹！"

分支隧道比主隧道更狭窄，路面更加崎岖不平。克鲁兹此时唯一能做的就是加快逃跑的步伐。他紧紧揽住自己的胳膊，以免被粗糙的熔岩划伤。在这里他的确有优势——"身材娇小"。布吕梅只能被迫放慢脚步，在黑暗的隧道里摸索前进，这给了克鲁兹足够多的时间甩掉他。

克鲁兹转弯时，斗胆回头看了一眼。他看到了一束光。糟糕！布吕梅要追上来了！

他转过身。接下来，克鲁兹必须全神贯注，否则可能会一头扎进……

"啊！"克鲁兹绊了一跤。他赶紧用上臂钩住墙壁的凹槽。熔岩钩破了他的衣服，划伤了他的皮肤，克鲁兹感到阵阵刺痛。

"糟了！"

一堵墙——前方的路被堵死了。

隆起的熔岩挡住了克鲁兹的去路。他被迫停下脚步，环视四周，期望能找到一处可以爬过去或钻过去的缝隙。然而这里的岩石坚固无比，他被困住了，眼下只有往回走的路。克鲁兹急得在原地打转。他绝望地把手伸进裤兜摸索，却只摸到一张皱巴巴的纸。

任何问题都有解决的办法。克鲁兹的耳边似乎响起勒格朗先生的声音。

"勒格朗先生，我好像碰到了一个没有解决办法的难题。"克鲁兹喃喃自语，他的心怦怦狂跳。他尝试暗示自己：振作起来，克鲁兹。控制情绪，保持冷静，把注意力集中到你面前的问题上来。

然而出现在他面前的是赫齐卡亚·布吕梅！

布吕梅从拐角走了过来。他把手电筒系在腰带上，灯光照射在他泛着油光的脸上，投下诡异的阴影。他气呼呼地朝克鲁兹走来。"原来是条死路。"他愤怒地咆哮着，"多巧啊。既然你不打算跟我合作，那现在就让我们结束这一切吧！"

这时，克鲁兹注意到自己的 OS 手环一直在闪烁。测量心跳的红线变平了。克鲁兹知道这其中的原因。之前，卢博士藏在"猎户座号"的合成部时，就是用这种方式与亚米取得联系的。现在，亚米正通过手环追踪克鲁兹的位置！

亚米，干得漂亮，可惜为时已晚。

布吕梅举起激光枪对准克鲁兹。

克鲁兹举起双手保护自己。他突然意识到自己手里还攥着那张皱巴巴的纸。虽然只是一张纸，但是成败在此一举。

他听到激光枪启动的声音。

"等一等！"克鲁兹挥舞着那张纸，说道，"你需要看一下这个。"

"别再耍花招了，克鲁兹。"布吕梅瞄准克鲁兹。

"这是雷温的信。"

"我……女儿？"

"她一直在帮助我。"

"帮助你？她为什么要这么做？我不信。我不信你。"

布吕梅摇摇晃晃地走向克鲁兹。他不断地眨着眼睛，似乎是在努力集中注意力。他的脸看上去又红又肿，额头上满是汗水。布吕梅从克鲁兹手里接过纸条，咕哝着："我曾试着和我的父亲谈一谈……他不听……纠正我父亲犯下的所有错误。"

布吕梅抬起头，说："雷温不可能这么说……"

"这真的是她写的。几个月来，她时常给我写信。除了那张用果酱写的，其余的信都放在了'猎户座号'上。她甚至还跑到约旦和印度找我。"克鲁兹瞥了一眼指向自己的枪，"她还救过我的命。"

布吕梅湿漉漉的额头上刻满了皱纹。克鲁兹在他的眼里看到了一些以前从未看到过的东西，无论是在课堂上，

还是在执行任务的时候，都未曾看到过。克鲁兹也不确定那是什么。

突然，布吕梅用一只手捂住下巴。"我的脸……舌头……感觉好奇怪。"雷温的信从指间滑落，布吕梅跪倒在地，然后倒向一旁。

克鲁兹低头看着他。

难道布吕梅……

死了吗？

"过敏反应。"克鲁兹听到这话吓了一大跳。奈奥米朝着他走过来，说："可能是被魅儿蜇过之后产生的过敏反应。"

"不可能。它的刺上没有毒液。"

"你确定？"奈奥米拿起布吕梅的激光枪，关掉激光。

"对！不对……我不确定。"他猜想方雄可能在拆除魅儿的自毁装置时顺便加上了毒液。但是，为什么她没提起过呢？可能是因为这样做违反了学院的规定，所以她不得不保密……

突然，克鲁兹定住了。

在手电筒灯光的照射下，奈奥米身后出现了另一个身影。

克鲁兹看到那个人从暗处走出来。他眯起眼睛。

"妈……妈？"

救布吕梅一命

"**嘿，**小克鲁兹。"

克鲁兹心想：难道这是一个新的全息影像吗？可是它是如此逼真，克鲁兹甚至觉得，站在隧道里的就是自己的妈妈。他猜想奈奥米一定是找到了一本新的日记，或者是一个类似的全息圆顶。他瞥了奈奥米一眼，发现她手里除了布吕梅的枪之外什么都没有。另外，妈妈的头上戴着一顶和奈奥米一样的黄色安全帽。仔细想想，这个全息影像有些奇怪。

莫非……

难道她是……

克鲁兹激动得说不出话。"你……是……真实的吗？"

妈妈笑了起来，那双灰蓝色眼睛上的皱纹比他记忆中的多了几条。"我和你一样真实，儿子。"

"她是真实的，"奈奥米在一旁证实，"你妈妈从洞穴里的镜子后面出现时，我们也吓了一大跳。呃……克鲁兹，你还好吗？"

克鲁兹试图回答，却感觉自己的肺部持续收紧。他有些喘不过气了。他感觉双膝无力，天旋地转。有人抓住了他，扶着他轻轻地坐到地上。克鲁兹的头被轻轻地抱着，他感到四肢疼痛，心想：自己这是晕倒了吗？

"我本不想以这种方式来见你。"克鲁兹的耳边传来妈妈的声音。

一张模糊的脸正对着他。"克鲁兹，深呼吸。吸气……1、2、3，呼气……1、2、3，"妈妈说，"对，就是这样。我们再来一次。"

第四次吸气的时候，克鲁兹终于清醒过来，看清了妈妈的模样。除了头发短了一点儿，妈妈其他地方都没变——她的笑容、眼睛、鼻梁上的小雀斑，都和记忆中一样。这真的不是梦！

"妈妈……妈妈……妈妈……"克鲁兹不停地喊着。

"我在这儿呢，儿子。我在这儿……我一直都在这儿。我想等到安全的时候再来见你，很抱歉事情发展成了这个局面，让你等了这么久。"

克鲁兹尝到了咸咸的泪水，他和妈妈都潸然泪下。

妈妈把克鲁兹抱在怀里，说："我很想你。"

"妈妈。"克鲁兹也紧紧地抱住她，脑袋里充满了各种想法、情绪和问题，但现在这些都不重要。现在唯一重要的是，自己的妈妈还活着。克鲁兹此刻只想紧紧地抓住妈妈不放手。

"呃……很抱歉打扰你们，但是，我们现在要先救人。"奈奥米说，"彼得拉，你的急救箱里有肾上腺素吗？"

两个人慢慢松开对方。克鲁兹擦了擦眼泪。

奈奥米将布吕梅放平，将自己的夹克盖在他身上，卷起一条围巾垫在他的后脑勺下面。她翻找着布吕梅的口袋。显然奈奥米是在找肾上腺素。但她什么都没找到。"他需要注射肾上腺素来缓解过敏症状。"

"抱歉，我没有肾上腺素，实验室里也没有，"克鲁兹的妈妈说，"不过，急救箱里有氧气。我时常随身携带，氧气也是很有用的。"她很快从背包里找到了一个氧气面罩，把它递给了奈奥米。奈奥米把面罩戴在布吕梅的口鼻上。布吕梅的脸看起来十分肿胀，脖子上还有几处小伤。

"克鲁兹，我认为这个应该属于你。"奈奥米靠近克鲁兹，手里拿着刚刚在布吕梅口袋里找到的石片。

克鲁兹把石片挂到脖子上，将它们塞进衣服里。胸口碰到石片产生的熟悉的冰凉感让他松了一口气。

"这就是布吕梅？"克鲁兹的妈妈看着奈奥米给布吕梅测量血压，小声地问。

"是的。"克鲁兹声嘶力竭。

"我从来没见过他。"

"我每天都能见到他。"

"克鲁兹，你的胳膊在流血。"

"没事儿。"他说的是真的。他丝毫感觉不到疼痛。

"用绷带包扎一下吧，免得伤口感染。我从急救箱里拿一个绷带。"她把水壶递给克鲁兹，说，"喝点儿水吧，保持水分充足。"

"知道了，妈妈。"

"妈妈"这个词说出口感觉好奇怪。克鲁兹终于不是为了推进某个计划而刻意说，他是深情地呼唤着此时此刻站在自己眼前的妈妈。

奈奥米坐了下来。"吸氧有用，但他的血压仍然太低，脉搏也不稳定。我们得送他去医院。"她开始收拾急救箱，"克鲁兹，你拿着我的包，我来背布吕梅。"

克鲁兹的妈妈倒吸一口气，说道："奈奥米，你不可能……"

"她可以的，"克鲁兹打断妈妈，"她要比看上去更有力气。"

"就算可以，这里也太窄了，背着他爬梯子根本行不通，而且要走的路也很长。"

"我明白你的意思。"奈奥米摸了摸下巴，说，"还有其他办法吗？"

"还有一个办法，"克鲁兹的妈妈摸了摸克鲁兹那血迹斑斑的衬衫袖子，说，"但是这个办法取决于你，克鲁兹。必须由你来决定是否这么做。"

妈妈望着克鲁兹的眼睛。克鲁兹却低下了头。

哦，不！

给他注射肾上腺素是一回事，那这次呢？难道妈妈忘了他们是在和谁打交道吗？过去的八年里，布吕梅一直企图拆散他们的家庭，而且差点儿就得手了。布吕梅为人残酷无情、心狠手辣，丝毫不顾及情面，救他只会给他制造另一个继续伤害他们的机会。克鲁兹能想到一千个不救布吕梅的理由，却有一个救他的理由。

这个理由就是雷温。

雷温与克鲁兹一直一同反抗他。之前面对雷温时，克鲁兹便早已意识到一个道理，那就是正确的事并不总是那么容易做到。克鲁兹知道自己余生都会坚持做正确的事情。他望着躺在地上的布吕梅，深吸了一口气，说："好吧，妈妈。我们来救他。"

妈妈欣慰地笑了，就好像从来没有怀疑过克鲁兹一样。

克鲁兹几乎感觉不到被针扎的刺痛感。妈妈提取了一小管克鲁兹的血液，然后将其注射进布吕梅体内。克鲁兹看着自己的血液慢慢流进布吕梅体内，突然产生了一个想法。"妈妈，如果把我的血液注入他体内的话，他会不会……"

"变得和你一样吗？不会的。你的自愈能力来源于基因。你的血液只会增强他的免疫系统，仅此而已。"妈妈拔出注射器，说，"现在我们等他醒过来就好。"

克鲁兹仍然在努力梳理头绪。他原本计划在旅途结束时能找到法洛菲尔德博士或其他科学家，却从来没有想过会找到妈妈！克鲁兹环顾黑漆漆的山洞，问："妈妈，你一直住在这个山洞里吗？"

"不是。去年秋天，当我知道你发现了我的日记，然后开始寻找石片的时候，我就从那所房子里搬出来了。我猜想涅布拉会跟踪你们。我必须提前做好准备，在这里等着他们。"

"我以为……我们都以为……你已经葬身于那场大火。法洛菲尔德博士还说他看见你死了。"

"伊利斯塔尔完全有理由这么认为，"她回答道，"当时火势非常大，我吸入了很多烟，多亏我体内有塔迪尼亚血清，才得以在大火中活下来。消防员救了伊利斯塔尔之后，我就从实验室的秘密通道去了档案馆。很幸运，我在那儿遇到了我的几个朋友，他们把我藏了起来，还和岛主一起帮我设计和建造了这个大山洞里的实验室和可以生存的空间。"

"你怎么会知道我和爸爸会搬到考爱岛？"

"我并不知道，但是我了解你爸爸，知道他非常喜欢考爱岛。我必须选择一个你最终会带着石片前往的地方，而我认为尼豪岛就是一个完美的地方：一座私人岛屿，在这里我不仅可以继续工作，还能避免被打扰或被发现。无论你们父子俩在哪里，日记都会指引你们到这里来。"妈妈抚摸着克鲁兹的手，说着，"还好，你们真的搬到了考爱岛，这就意味着我可以和你们生活在一个区域，尽管你们并不知道我的存在。"

"有时我会开车经过'高飞脚'，或是站在沙滩上看着你和兰妮冲浪——当然，我不会让你们看到我。我极力克制自己不奔向你，不去拥抱你。有一次你徒步旅行时，我本打算和你相认，但是我发现有可疑人员在跟踪你。那时我便意识到布吕梅在各处安插了眼线。贸然和你联系太危险了，一次失误就可能毁掉一切。我别无选择，只能等着你来找我，只有这样才能保证你和你爸爸的安全。"

克鲁兹突然冒出一个可怕的想法。"如果你没有……"

"没有活下来吗？多亏档案馆朋友的帮助，我也做了相应的计划来应对这种结果。"

克鲁兹把一只手搭在石头上，说："妈妈，法洛菲尔德博士告诉我，这个配方根本没有用。他说血清中的一种毒素来自一种已经灭绝的蛙……"

"没错，"妈妈说，"我一直在努力寻找解决方法。我已经从另一种蛙身上发现了一种有效的替代毒素。这种蛙在野外濒临灭绝，要想获得这种毒素，我必须去一趟亚马孙雨林。当然，考虑到涅布拉可能也在那儿，我一直不敢轻举妄动，但是现在……"

"我可以和你一起去！"

"太好了，克鲁兹，只是……"她侧过头，说，"学校那边怎么办？"

"我们可以带上所有的探险家一起去，这样就可以把它变成一个探险任务，你还可以给每个探险小队分配一个搜索区域。我们知道应该怎么做。在婆罗洲时，我们已经学会了如何发现隐藏的动物……"

克鲁兹的妈妈笑了："看看再说吧，一步一步来。"

"兰妮也总这么说。"

"兰妮是个机灵的女孩。"

"爸爸也总是这么夸兰妮。"

克鲁兹的妈妈笑得更开心了。

"哦！"布吕梅痛苦地呻吟着。

"他醒了。"奈奥米再次检查布吕梅的生命体征，"血压和心率差不多已经恢复正常，呼吸也好了很多，可以把这个氧气面罩摘下来了。"

"亚米呼叫克鲁兹·科罗纳多！"克鲁兹的 OS 手环发出声音。

克鲁兹抬起手腕，说："我在！我和奈奥米、我妈妈，还有教授待在一起——我是指布吕梅。我们现在很安全。"

克鲁兹的妈妈凑了过来，问："亚米，你们现在在地面上吗？"

"是的。"他们那边听起来很安静，"等一等，你刚才是说你们和布吕梅在一起吗？你们没事儿吧？"

"我等会儿再跟你解释。"克鲁兹说。

克鲁兹的妈妈弯着腰，对着通信别针说："亚米，我们需要过一会儿才能与你们会合。我们需要警察和医疗队支援。"

"收到。我们会准备好的。完毕。"

奈奥米从布吕梅身旁经过，走向克鲁兹，说道："我差点儿忘了。这个也是你的。"她张开手。

"魅儿!"克鲁兹把魅儿捧在手里,检查它的伤势。魅儿的天线坏了,一只前翅也有脱落的迹象,看起来像是铰链断了。克鲁兹轻轻地把它放在自己的前臂上,说:"魅儿,开机。你还好吗?"

它那金色的眼睛眨了两下,表示肯定。

得知魅儿没有受到严重损坏对克鲁兹来说是一个巨大的宽慰,等回到"猎户座号",他会为魅儿做一个全面的诊断。

布吕梅睁开双眼,凝视着眼前的三个人,从奈奥米转向克鲁兹,再看向克鲁兹的妈妈。"科……科罗纳多博士?"

"没想到吧。"克鲁兹的妈妈冷冰冰地说。

这时,布吕梅注意到了趴在克鲁兹胳膊上的魅儿。克鲁兹看到他的身体在发抖。布吕梅意识到,局势已经发生了逆转。

"看来你高估自己了,一只小小的蜜蜂就把你给搞定了。"奈奥米嘲笑道,"好了,我想你现在应该能坐起来了。我警告你,你要是敢乱动,我就打断你的胳膊。"

克鲁兹也警告道:"魅儿也能做到。"

奈奥米和克鲁兹的妈妈把布吕梅扶了起来。他看起来确实好了许多,脸上的浮肿也已消退,脸恢复了原有的气色。

布吕梅深吸一口气，咳嗽起来。

"喝点儿水。"奈奥米递给他一瓶水，"对了，这位就是你刚才一直在追捕的年轻探险家吗？他刚刚救了你的命。"

话音刚落，瓶子从布吕梅手中滑落。

团聚

傍晚时分，克鲁兹和妈妈、玛莉索姑姑一同到达考爱岛北岸的哈纳莱。克鲁兹站在"高飞脚"外面的人行道上，本应该精疲力竭的他，现在却只觉得既焦虑又兴奋，还有点儿饿，但是还可以再忍耐一下。

兰妮住在几个街区之外，和她的家人在一起。奈奥米、赛勒、亚米则住在海托华博士的度假别墅。第二天早上，他们将会在机场集合，然后乘坐"神鹰号"回到"猎户座号"上。

克鲁兹朝街上扫了一眼，没有发现涅布拉卧底的身影，感觉有些奇怪。

"克鲁兹，你应该先去准备一下，等会儿你爸爸就要来了。"妈妈说着，拨弄起自己的头发，把发丝别在耳后，又立刻拨了出来，"我希望自己看起来更……也许我应该先好好收拾一下……"

"你看起来很漂亮，彼得拉。"玛莉索姑姑说着，从包里拿出一把梳子递给她，"我要用那个浴缸，好好地泡个澡。"玛莉索姑姑步履艰难地走上台阶，来到"高飞脚"楼上的公寓，打开门，走了进去。

克鲁兹的妈妈凑了过来，问克鲁兹："我总感觉你姑姑很生布吕梅的气，对吗？"

"是的。他骗了我们所有人——尤其是玛莉索姑姑。"

克鲁兹的妈妈往楼梯看了看，说道："她只能眼睁睁地看着布吕梅戴着手铐被拖走，也许我应该……"

"妈妈，先不着急。"克鲁兹把妈妈转向门口那边，然后伸出手抓住门把手，说，"我们现在有更重要的事情要做。"

彼得拉深深吸了一口气，说："我知道。"

"准备好了吗？"

"还没……但我相信我可以的。"

克鲁兹打开"高飞脚"的门，大步走了进去。他径直走向收银台后面的那个人。"嘿，爸爸……"

"克鲁兹！"爸爸见到克鲁兹十分惊讶，手里的冲浪板蜡都掉到了玻璃柜台上，打翻了几个罐头，"你在这儿做什么？你不是在'猎户座号'上吗？事情进展得……"

"一切都好。"克鲁兹接住一个快要掉到地上的罐头，"我和玛莉索姑姑、奈奥米、兰妮、亚米、赛勒，还有……"克鲁兹上气不接下气地说，"我要给你一个惊喜。但是不要被吓到，好吗？"

"不要被吓到？发生了什么？为什么我会……"

这时，门铃响了。克鲁兹没有回头，而是一直盯着渐渐张大嘴巴的爸爸。

"好久不见，马尔科。"

克鲁兹的爸爸怔住了。他眯起眼睛，似乎在怀疑自己看到的一切。

"彼得拉？"

"是的，是我。"妈妈激动地把手放在胸口，说，"我的心怦怦直跳……我从没想过这一天会到来……然而……你……我……克鲁兹……我们三个现在在这里团聚了。"

克鲁兹的爸爸慢慢地从收银台的后面走出来，小心翼翼地靠近眼前的人。他先摸了摸对方的脸颊，然后又摸了摸她的肩膀，确定眼前的人不是幻影之后，紧紧地抱住了对方。

两个人拥抱着，额头贴着额头，呢喃细语，似乎想要在几分钟里把多年来落下的话补上。

"但是那场大火……"克鲁兹的爸爸说道。

"我躲进了档案馆……然后就来到这里，在尼豪岛建立了实验室。"

"我现在非常确定有一次我看见了你……在怀梅阿，"克鲁兹的爸爸哽咽着，泪水顺着脸颊滚落下来，"当时我还以为是自己眼花了。"

"那就是我，"她说，"我以前总会在那里思考一些事情，你总是穿着那些颜色鲜艳的衣服，我很容易就能认出你，看着你穿过海峡……"

克鲁兹的爸爸放声大笑，这是克鲁兹从未听到过的笑声……

他们等这一天等了很久。

等他转过身，父母也把他紧紧拥入怀中。克鲁兹的两只手分别搂着爸爸和妈妈，头靠在妈妈的肩膀上。在他们倾诉完彼此的经历和回忆之后，过了很久，一家三口仍然站在原地，紧紧地抱在一起。

那天晚上，克鲁兹与父母吃过晚饭后，就一起来到公寓的露台上休息。他们坐在秋千上，克鲁兹坐在父母中间，眺望着慢慢坠落的橘红色落日。

一家三口在秋千上轻轻地前后摇摆，向前，向后。

克鲁兹从档案馆回来后，心里一直有一个疑问。他问妈妈："妈妈，如果不发生意外的话，我能活多久？"

妈妈的脸在夕阳照射下透着金色的光。"这很难说，克鲁兹。就像我说的，你是独一无二的。我现在唯一能告诉你的，就是你的寿命比大多数人的都要长，但是至于具体长多久？十年？二十年？我现在还不确定，我需要做进

一步的研究。"

"或许合成部可以帮我们。"克鲁兹说，"你知道我的室友亚米吗？他妈妈是那儿的负责人。"

"他的父亲是档案馆的馆长。"克鲁兹的妈妈补充道。

妈妈是怎么知道的？

克鲁兹尝试把事情的前因后果联系在一起。"难道亚米的爸爸是……是你在档案馆的朋友吗？"

克鲁兹的妈妈面露难色："我不能说。"

看来克鲁兹猜对了。

"克鲁兹，抱歉让你经历这么多。"妈妈说，"我常常在想，设计石片和日记，这么做对不对。我仍然不确定自己所做的一切是否……"

"当然是对的，"克鲁兹说，"等你研制出血清，你就会知道这一切都是有意义的。"

妈妈吻了吻他的额头。

克鲁兹低下头，取下脖子上的挂绳。他拎着绳子，和妈妈看着石片慢慢地旋转。它们彼此分离，散落到各处，但最终它们又通过某种方式汇集在一起。虽然由于涅布拉带来的伤害，克鲁兹和父母无法像以前一样过得无忧无虑，但幸运的是，他们还是活了下来，得以团聚。克鲁兹深知，自己只要还活着，就永远不会把这一切当成是理所应当，哪怕一天、一小时、一秒都不会。

克鲁兹把石片放进妈妈的手掌心。

再见，布兰迪丝

还没等亚米闹钟里的树懒发出叫声，克鲁兹就醒了。他立刻察觉到了异样。"猎户座号"停止前进了！

克鲁兹轻轻地从熟睡中的哈伯德身子底下抽出胳膊，跳下床，从舷窗的百叶窗往外看。"快看，亚米，我们到了！"

他们回到了国家港口码头！

今天是这一学年他们在学校的最后一天。上午，海托华博士将会主持结课仪式，这意味着他们在探险家学院第一年的生活正式结束。过去两周他们过得迷迷糊糊，一直在复习，参加期末考试。教师和探险家们都以为卢文教授是因为处理家庭事务才会提前离开学院。虽然新闻报道称，布吕梅因杀人未遂、绑架以及欺诈罪被逮捕，但是新闻中没有曝出他的照片，没有人会把布吕梅和卢文教授联系在一起。卢文教授的课由玛莉索姑姑和石川教授接手，他们负责指导学生复习考试涉及的知识。

其间，雷温曾打来电话，说她的妈妈和外祖母已经接管了涅布拉制药公司，正在努力扭转公司局势。"这是一个新的开始，"雷温在视频通话中说道，"对我爸爸来说也是一个新的开始。谢谢你为他做的一切，我真不知道该如何感谢你。"

"你已经谢过了。"

直觉告诉克鲁兹，他会和雷温做一辈子的好朋友。

"亚米！"克鲁兹摇了摇亚米的肩膀，说，"我们得出发了。飞机九点钟就要来了，我们还没收拾好行李呢。"

"你先走吧。"亚米睡眼蒙眬，往被子里缩了缩。

克鲁兹给哈伯德洗完澡，穿上衣服，接着又喂它吃了些东西。然后他带着狗来到草地。克鲁兹还有些小事需要处理，于是朝着大桥的方向走去。如果没有船长的帮助，克鲁兹不会顺利找回所有石片。当然，为了避免其他船员听到这些，克鲁兹只能说："伊斯坎德尔船长，谢谢您所做的一切。祝您度过一个美好的夏天。"

船长举着咖啡杯，偷偷地朝克鲁兹眨了眨眼，说："这真的是一次名副其实的冒险之旅，克鲁兹，九月再见。"

克鲁兹也希望自己九月能再回学院，但是他还没有收到海托华博士的邀请，大家都没有收到。博士还在审核他们的期末成绩。

接着，克鲁兹又带着哈伯德来到了技术实验室，想把真话仪还给方雄。他从口袋里掏出真话仪，说："这个发明太棒了，方雄。我会把我的检测记录发给你，它真的很好用。谢谢你让我来测试。"

方雄轻轻地将罗盘推向克鲁兹，说："你留着吧，毕竟事实的真相是探险家必须坚持追寻的东西。说到测试……"她弯腰靠近身旁的小隔间，接着又直起身子。克鲁兹看到方雄刚刚拿起的东西，手里的真话仪差点儿掉到地上。"难道那是……"

"通用鲸语翻译器 2.0 版本。"方雄举起一顶闪亮的黑色头盔，说道，"它已经通过了实验室的所有测试，接下来还需要在现实环境中继续进行测试。如果你还想要它的话，接下来的测试就交给你了。"

克鲁兹心想：如果我还想要它的话？她是在开玩笑吗？

"你想什么时候开始？"克鲁兹问道，"我和兰妮明天坐飞机回家。仪式结束后怎么样？贾兹可以驾驶'雷利号'带我们去。"

"打住打住！我指的是今年秋天你回学校的时候。"

"今年秋天？"

"你需要一个完整的支援小队，就像上次那样。"

"可是，方雄……"

"快去吧，好好休息一下。等你回来的时候一切就都准备好了。"

现在，克鲁兹只剩下最后一件事要做，这也是最难的一件事。他把哈伯德的牵引绳递给方雄，在狗狗面前弯下腰。"要乖一点儿，小哈。"克鲁兹哽咽起来。他紧紧地抱着哈伯德，脸颊贴在它温暖的身子上。他闻到了草莓和培根的味道。"我爱你，哈伯德，"克鲁兹呢喃细语，泪水滴在狗狗的黄色救生衣上，"我会想你的。"

哈伯德舔了舔他的耳朵。

方雄把一只手搭在克鲁兹的肩膀上，说："哈伯德也会在这里等你回来的。"

离开技术实验室，克鲁兹擦干眼泪，点击通信别针，说："克鲁兹·科罗纳多呼叫亚米。"

"我刚洗完澡。吃早饭时见。"

克鲁兹在厨房拿了芝士煎蛋卷、吐司和一杯橙汁。在去往餐厅的路上，他突然停了下来。克鲁兹看到布兰迪丝独自一人坐在库斯托队往常的就餐区。自从布兰迪丝宣布自己是涅布拉的卧底后，他再没有跟布兰迪丝说过话。虽然他们一起上课、吃饭，一如往常，但通常不会单独相处。

阿里、赞恩和尤利娅一起坐在麦哲伦队的就餐区。阿里看见克鲁兹，朝他挥了挥手。克鲁兹也挥了挥手，随后把自己的餐盘放在布兰迪丝的盘子旁边。他拉出椅子，说："嘿。"

"嘿……嘿。"布兰迪丝听起来和克鲁兹一样紧张。

在接下来的五分钟里，布兰迪丝一直拿勺子翻着自己眼前的麦片。克鲁兹则一直用叉子戳煎蛋卷。

"看样子今天……"

"我刚才去……"

他们俩同时张嘴说话。两个人都尴尬地笑了起来。

"我想说的是，看样子今天天气不错，很适合下午在院子里举行结业仪式。"布兰迪丝说，"你刚刚想说什么？"

"我刚才去了技术实验室。方雄发明了一个新的通用鲸语翻译器。"

"真的吗？听起来很不错。"

"她打算让库斯托队今年秋天测试一下。"话说出的瞬

301

间，克鲁兹便意识到自己有多蠢。因为布兰迪丝很可能不会再回学院了。虽然海托华博士已经同意让布兰迪丝完成这学期的学业，但是没人知道之后会怎么安排。他们还不知道海托华博士的决定。

布兰迪丝低下头，说："哦。"

区区一个字的回答就表明了一切。她已经收到了院长的信。

"你今年秋天不会回来了，是吗？"克鲁兹问。

她摇了摇头，说："对不起。"

"其实发生在你身上的事也可能发生在我们任何人身上。我们都很信任老师和其他教职工。你怎么能知道范德维克博士到底想做什么呢？我当初差点儿就把日记交到了她手里！"克鲁兹说道。

"真的吗？"

"当时我想让她帮我修复一下破损的日记。我有个主意——等仪式结束之后，我们去找海托华博士谈一谈。赛勒、亚米、兰妮、杜根，还有我，我们都会告诉她你对库斯托队来说是多么的重要，这样她就不得不邀请你继续参加今年……"

"不，克鲁兹。我很感激，但是你们并不需要这么做。"

"为什么？我敢肯定大家都愿意这么做，况且海托华博士……"

"你刚刚说的这些海托华博士都跟我说过了。她说范德维克博士成功骗过了所有人，包括海托华博士自己。她已经同意让我留下，说要给我一段考验期。我……我拒绝了她。是我自己决定要回家的。"

"为什么？我不……"

"我只是觉得……经历了这么多事情之后，我需要和家人一起待一段时间。你能理解吗？"

克鲁兹当然能理解。最重要的事莫过于跟自己爱的，还有爱自己的人待在一起。

布兰迪丝盯着眼前的麦片碗，说："我可能会回来。也许是两年之后……我不确定。"

"你当然要回来。"克鲁兹说，"除了你，还有谁会把我从'洞穴'可怕的冰雹中救出来呢？这可是命中注定。"

她看着克鲁兹，两颊上露出酒窝。"命中注定。"

"亚米！克鲁兹！"

克鲁兹穿过大门，进入礼堂，看到库斯托队的其他成员已经到了。杜根、兰妮、布兰迪丝和赛勒提前占好最后两排留给一年级学生的位置。亚米和克鲁兹穿过人群与队员会合。身为近150名探险家中的一分子，克鲁兹感觉很奇妙。去年秋天，克鲁兹同其他新生一起来这儿训练，高年级的学生只在学院待了几天，便外出执行任务了。

"抱歉，我们来晚了。"克鲁兹对赛勒说，"我们刚才在房间里看关于珠穆朗玛峰的监控来着。"

"有探险队在攀登吗？"

"是一支中国的探险队。"早在这之前，克鲁兹和亚米已经把他们的行李放进了以前的宿舍：珠穆朗玛峰房间。他们打算在那儿住一晚，明天再离开。房间里有一台大屏电视，上面播放着珠穆朗玛峰的实时监控录像。克鲁兹和亚米刚才从监控里看到一支登山队正在攀登珠峰。

教职工陆陆续续地从礼堂前门进来，在前三排落座。克鲁兹注意到了身穿红色外套、披着粉色花围巾的玛莉索姑姑，她坐在勒格朗先生和贝内迪克特教授中间。

"嘿，快看，加布里埃尔教授来了！"杜根喊道，"他也来参加结业仪式了。"

"谢天谢地。"克鲁兹和亚米异口同声地说。

身穿白色长衫搭配同色系裤子的海托华博士正穿过舞台走向演讲台。大家迅速坐到自己的位置上。

"欢迎各位探险家回家！"海托华博士威严、庄重的声音响彻整个礼堂。

台下顿时掌声雷动，欢呼声、口哨声此起彼伏。

"首先我想说的是，我为你们所有人感到骄傲，"她继续说，"你们通过各种研究、新闻报道、保护拯救行动，以及重建栖息地等方式，为世界做出了重要且持久的贡献。尤其是一年级的探险家们，我特别为你们感到自豪。"

克鲁兹不解地看了看歪着身子的亚米。

"最近，我了解到你们的探险成果已经帮助科学家发现了南极洲的丹杰群岛是上百万只阿德利企鹅的栖息地，"海托华博士解释道，"这个超级种群是世界上最大的阿德利企鹅种群之一。多亏了我们的探险家，该地区不久就会被建为野生动物保护区。"

四周响起雷鸣般的掌声，克鲁兹和队里的其他成员站了起来，队员们互相碰拳庆祝。

海托华博士也表扬了其他年级的探险家：发起回收海洋垃圾倡议的三年级探险家；拯救了数千只受困于墨西哥湾风暴的海龟的五年级探险家；致力于保护栖息于中国的云豹、大熊猫等物种的六年级探险家。

博士清了清嗓子，继续说道："接下来是个人奖项颁发时间。第一个颁发的奖项是北极星奖。"

所有人都回头看向最后两排。克鲁兹的脸开始发热，他的心怦怦直跳。终于等到了这个时刻！

"众所周知，这个奖要颁发给一位懂得尊重与团结、品德高尚的一年级探险家，这些品质也是我们最看重的。"海托华博士说，"获奖者由整个学院的全体教职工共同投票选出。今年的获奖者几乎是所有投票者的共同选择。该探险家以积极进取的态度、富有感染力的热情完成每一项任务。她勇敢、富有团队合作精神、诚实坚贞、心地善良、乐于助人。我自己也迫不及待地想认识一下这位集诸多宝贵品质于一身的探险家。各位老师，各位同学，我很高兴地宣布，今年探险家学院北极星奖的得主就是……赛勒·约克！"

场下顿时一片欢声雷动。

然而，赛勒却坐在那儿像石头一样一动不动。她惊呆了。

"你得奖了！你得奖了！"克鲁兹喊道。他伸手使劲儿摇了摇赛勒，赛勒这才回过神来。

"我吗？"赛勒用力打了自己一耳光，喊道，"哎哟！"

赛勒跟跟跄跄地走向颁奖台，克鲁兹转过身试图安慰自己的室友，却发现根本没有必要。亚米也在开心地鼓掌，他的心情眼镜呈现出樱花粉色。

赛勒和海托华博士握了握手，接着又向观众席挥了挥手，然后回到自己的位置。

"现在颁发一个特别奖项。"海托华博士举起手示意大家安静，"罗莎琳德·富兰克林奖是为鼓励有重大科学突破或发现的探险家而设立的奖项。该奖项并不是年年都有，事实上，我们学院已经好几年没有颁发过这个奖项了，这让今年该奖项的竞争更加激烈，因为……"她靠近话筒，"女士们，先生们，今年我们有两位探险家获得了相同多的票数。"

台下议论纷纷。

"没错，我们有两位获奖者。"海托华博士看向观众席，说，"今年罗莎琳德·富兰克林奖的两名获奖者分别是发明了卢氏锦影子徽章的亚米和发明了植物根系强化信号交流器的兰妮·基洛哈。"

听到这话，亚米的脸瞬间变白了！

兰妮和亚米在观众的掌声中走向颁奖台。海托华博士将奖牌挂在他们的脖子上，与他们握了握手。

他们刚回到自己的座位上，克鲁兹便立刻凑近，仔细端详着亚米的奖牌。圆形的银质奖牌悬挂在一条宽宽的金丝带上，奖牌的一面是罗莎琳德·富兰克林的头像，另一面是探险家学院总部的图案。这太不可思议了！

克鲁兹知道亚米肯定会一直珍藏这枚奖牌。然而，令

他没想到的是，亚米居然会一直戴着它。晚上，他们在房间里换上睡衣，亚米仍然戴着那枚奖牌。"你要搂着它睡觉吗？"克鲁兹开玩笑地说。

"我可能会这么做。"

这时门外响起了敲门声，克鲁兹走过去打开门。

是奈奥米。她拿着记事板站在门口。"考虑到你们明天一早就要坐飞机离开，我需要现在检查一下你们的平板电脑，可以吗？"说完，她拿走了他们的电脑和 OS 手环。

克鲁兹揉了揉自己光秃秃的手腕，感觉有些奇怪。

临走时，奈奥米取下夹在记事板上的两个羊皮纸信封，分别递给亚米和克鲁兹。她挑起眉毛，说："晚安，各位探险家。"

奈奥米离开后，克鲁兹和亚米面面相觑。他们知道信封里装的是什么：他们的"前程"。

"你先看。"亚米说。

克鲁兹撕开金色封条，打开信封，取出里面的羊皮纸。他展开纸张，快速地浏览了一下里面的内容。信的内容很短，短短的几行字写明了他一直期待听到的消息：他可以继续回探险家学院了！去年，克鲁兹第一次收到录取通知书的时候，还在纠结自己被录取究竟是靠自己，还是靠自己的"家庭关系"。而这一次，毫无疑问，克鲁兹清楚地知道自己就是属于这里的。

"我被录取了，"克鲁兹说着看向亚米，"到你了。"

看着亚米读信对克鲁兹来说实在是一种折磨。他坐立不安，试图从亚米心情眼镜的颜色获得提示，可镜框却是透明的。克鲁兹注意到亚米情绪有点儿低落，糟糕，这是个不好的兆头。另外，信上明明只有几行字，亚米却到现在还没有读完。这又是一个不好的兆头。终于，亚米抬起头。

"怎么样？"

他一言不发，把信递给克鲁兹。

"耶！"克鲁兹大声地喊道，"我早就知道博士会让你回来的。我难道没有跟你说过吗？"

"你跟我说过。"亚米拿回信，满脸怀疑地看着克鲁兹，问，"你曾跟博士说过什么吗？"

"呃……没有。"此时此刻，克鲁兹很庆幸他是唯一拥有真话仪的探险家。

门外又有人敲门。这次是杜根，他站在门口，脚边放着背包和行李箱。

"你这是要回家吗？"克鲁兹问道。

"是的，再过几小时我就要坐飞机去圣达菲了，走之前想跟你们告个别。"

亚米走向门口。

杜根看着奖牌点了点头，说："奖牌不错。"他说这话的时候，丝毫没有嫉妒的意思。

亚米面露喜色。

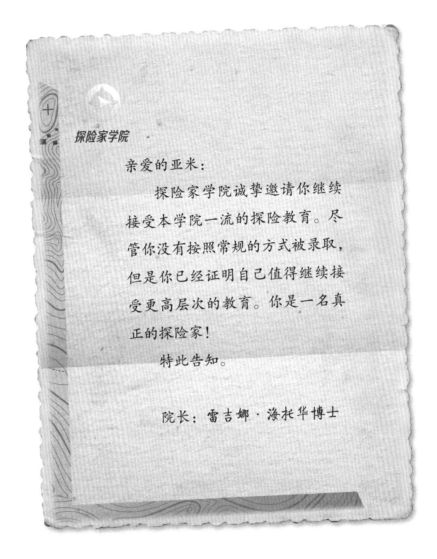

探险家学院

亲爱的亚米：

　　探险家学院诚挚邀请你继续接受本学院一流的探险教育。尽管你没有按照常规的方式被录取，但是你已经证明自己值得继续接受更高层次的教育。你是一名真正的探险家！

　　特此告知。

　　　　　院长：雷吉娜·海托华博士

"你们都收到录取通知书了吗？"杜根问道。

"我们俩都会回学院，"克鲁兹回答道，"你呢？"

"我也是。我刚才碰到了赛勒和兰妮，他们俩也会回来。看起来全队人又要聚在一起了，我是说，除了……"他用脚踢了踢地板。

几个人都低下了头。虽然失去布兰迪丝对他们来说是一件很难过的事情，但是他们会想办法解决的。

"我得走了。"杜根背上背包，说，"快好好休息吧。"

"你也是。"克鲁兹举起拳头与杜根碰了碰拳。

亚米也过来跟杜根碰拳告别。

杜根提起行李，一边步伐沉重地穿过大厅，一边说："对了，克鲁兹，如果你想去看世界上最棒的沙丘，记得告诉我，好吗？"

"哦，所以你是想去夏威夷吗？"克鲁兹反问道。

杜根重重地哼了一声。"秋天，我们在探险家学院见！"他的声音在楼梯间里回响，"库斯托队是最强的小队！勇者无敌！"

克鲁兹笑呵呵地关上了门。

房间的灯开始闪烁。在灯熄灭前，克鲁兹和亚米钻进了被窝。

克鲁兹拍了拍枕头，侧身躺下。"嘿，亚米，我们明天就要离开了，所以你最好现在就告诉我。"

"告诉你什么？"

"那个大秘密。"

"哪个大秘密？"

"你知道的，你妈妈为什么要叫你'努努'？"

"哦，不！"

"快点儿告诉我，亚米。"

"不要。"

"我以为我们已经是好朋友了。你了解我这个人的。我不会告诉任何人的。"

沉默片刻。

"你发誓。"亚米小声地说。

"我以探险家的尊严发誓。"

"好吧，那我可以告诉你。'努努'是法语中泰迪熊的简称。"

"噢，这没什么好尴尬的。"

"克鲁兹，你刚发过誓……"

"我绝不会说出去的，连赛勒也不会知道这个秘密。"

亚米笑着叹了口气，声音贯穿整个房间："我简直不敢相信。我居然获得了富兰克林奖。"

"你脖子上还挂着奖牌吗？"

"可能吧。"

亚米依然戴着奖牌。

"当然，你应该明白，"亚米慢吞吞地说，"你和我……我们还没完成时间旅行。"

"新学期总会有机会的。"

亚米没有开玩笑。

克鲁兹也没有。

最美的风景

"克鲁兹！"

克鲁兹的父亲身穿一件荧光橙色的短袖衫，一只手搂着妻子的腰，另一只手举在空中。他张开五根手指，示意克鲁兹五分钟后回去。

克鲁兹叉开腿站在冲浪板上，举起一只手回应。"抱歉。"他对在冲浪板上跳来跳去的兰妮说道。

"没关系，"兰妮说，"我们有一整个夏天的时间可以冲浪。"

"我是说我爸爸穿的衣服。"

兰妮笑了起来："你明天过来吗？你可以看一看我为魅儿设计的充电站。"

"充电站？"

"我之前曾跟你提过吧？你知道，'猎户座号'会帮助捡拾海洋垃圾，对吧？我收集了其中的一些玻璃和金属制品，用它们为魅儿制作了一个升级版的充电站。它的外观看起来像一个蜂巢，只是要更小一点儿。"

"但它是……"

"我知道魅儿是靠太阳能充电的，但是有了这个充电站，你就可以在晚上给魅儿充电。而且魅儿作为库斯托队的一员，理应有一个像样的地方睡觉，而不是睡在你的口袋里，你不觉得吗？"

这的确是个好主意，也很贴心。"谢谢你，兰妮。"

"先别告诉魅儿，好吗，朋友？"兰妮身体前倾，俯卧在冲浪板上，说，"我想给它个惊喜。"

"你应该知道它是一个……"

兰妮趴在冲浪板上，划了出去。她回头看了一眼，脸上露出大大的笑容。

她刚刚一定是在捉弄他。

克鲁兹也趴在冲浪板上，划了出去。他划向右侧，以免撞到兰妮。克鲁兹从容不迫，希望自己这次划得尽可能远一些。只见海浪渐渐逼近，他压低冲浪板的前端，做了一个鸭式下潜的动作，避开了海浪。克鲁兹浮出水面，看见兰妮在滑板上身轻如燕。兰妮是一名优秀的冲浪者——

比克鲁兹还厉害。不过，克鲁兹一点儿也不嫉妒。

克鲁兹继续往前划了一会儿。当他最后转过身时，呈现在他眼前的是一个完整的新月形海湾。云朵看起来像土豆泥一样软，积云的边缘被夕阳染成了粉色和橙色。远处，缕缕雾气缭绕在哈纳莱湾翠绿的群山之中，辫状的瀑布从陡峭的山峰上倾泻而下。克鲁兹从来没有见过如此美丽的风景。他认为这里便是世界上最美丽的地方。

克鲁兹感觉巨浪即将来袭。他用身体压住冲浪板，试图用最大的力气抵住即将来袭的海浪。克鲁兹的父母，还有兰妮，现在应该正注视着他。

克鲁兹的心怦怦直跳。这是他最爱的环节。他喜欢抓着冲浪板边缘，随着海浪上下跳动，感受巨大的海浪在自己的身体下不断翻滚。每一次冲浪都是一次新的考验，不仅考验平衡力，还考验意志力。他能坚持住吗？他能征服这海浪吗？他能一直驾驭着冲浪板吗？

克鲁兹已经准备好接受挑战。不管接下来发生什么，他都准备好了！

就是现在，只剩下……几……秒……

虚构故事背后的真实科学

探险家学院的新成员们曾在南极洲冰冷的海水中航行，在巴塔哥尼亚酷热的沙漠中寻找化石，他们发明的技术帮助他们更加深入地了解自然世界。探险家们一直致力于一个重大的命题：还有哪些地方等待他们去探索？而在现实生活中，世界各地的探险家也在探索同样的命题。以下四位国家地理学会的探险家正在践行保护地球的使命，让我们一起来了解一下吧。

阿里尔·瓦尔德曼

起初，人们似乎认为只有企鹅才能承受南极洲的严寒气候，但探险家兼电影制片人阿里尔·瓦尔德曼想要向世人展示：事实上，这片令人惊叹的冰雪之地是无数生物的家园。缓步类动物、线虫和轮虫这类微观生物也能在这种极端寒冷的环境中生存。瓦尔德曼带领探险队去拍摄这些微生物，它们的身影出现在海冰下、冰川里、结冰的湖泊旁。大家辗转多地，拍摄微生物，记录它们的生活。瓦尔德曼曾顺着一根用于观测的长金属管下潜到海里，曾越过冰川，还曾前往令人惊叹的"血瀑布"。瓦尔德曼希望通过自己的努力，帮助人类进一步了解我们的地球家园中还生活着许多不可思议的生物。

迭戈·波尔

　　探险家学院的新成员在第一学年的最后一次任务中，利用升级版PANDA发现了一个新的恐龙物种。尽管古生物学家迭戈·波尔没有小说中的PANDA，但他在巴塔哥尼亚研究恐龙方面依旧得心应手。巴塔哥尼亚的中生代动物种类繁多，在研究团队的协助下，波尔发现了二十多种属于恐龙、鳄鱼和其他脊椎动物的新物种。他发现的体积最大的生物是巴塔哥巨龙，该恐龙身长约37米，体重相当于10头非洲大象的重量。这些发现有助于波尔了解恐龙、鳄鱼等物种的进化历程。正如波尔所说，古生物学的意义在于：从岩石中学习和读懂这些古生物的历史，逐步拼凑线索，解开关于地球生命史的谜题。

希瑟·林奇

库斯托队非常兴奋，因为实地考察任务把他们带到了一个遍地是阿德利企鹅的岛屿。定量生态学家希瑟·林奇之前目睹过这种不可思议的现象。通过卫星图像技术，她在丹杰群岛发现了几个不为人知的阿德利企鹅群落。那里的企鹅总数多达150万只！这个数量听起来很多，然而由于气候变化，该地区的企鹅数量几十年来一直在逐步减少。这便是林奇的职责所在——她结合统计学、数学模型、卫星遥感技术和生物学来深入了解企鹅群落。通过调查和统计南极企鹅的数目，林奇正致力于研究如何保护南极半岛脆弱的企鹅群。她和团队创建了一个免费向公众开放的网络数据库，该数据库利用卫星遥感技术绘制企鹅群落地图，并统计企鹅的数量。这是让人们参与保护企鹅种群的一种好途径。

鲁特梅里·皮尔科·瓦卡亚

　　尽管兰妮的植物根系强化信号交流器在现实生活中可能还没有出现，但是许多科学家已经将重建生态系统的研究重点放在了树木上。树木可以吸收大气中的二氧化碳，这是包括我们人类在内的无数物种得以生存下去的关键！和动物一样，树木和其他植物也有自己的"濒危物种名单"。秘鲁生物学家鲁特梅里·皮尔科·瓦卡亚领导着哥斯达黎加奥萨半岛的保护项目，致力于保护濒危稀有树种。为了修复脆弱的雨林生态系统，瓦卡亚和团队努力盘点植物群，收集种子，在苗圃中培育濒危树木。她还与全球的树木保护组织合作，分析奥萨半岛本土树木的生长情况。通过将树种分类，瓦卡亚能更好地了解保护现有树木的方法，增加树木在自然界中的数量。

致谢

自从克鲁兹在《涅布拉的秘密》中首次为了保住自己的生命而奋力拼搏的那一刻起，我就知道我们注定要一起进行一次伟大的冒险。"探险家学院"是一个充满梦想的项目，我很感谢在国家地理学会工作的亲友们，是他们委托我把它变成现实。感谢Erica Green、Jennifer Emmett、Becky Baines、Jennifer Rees和Avery Naughton，感谢你们的支持、鼓励和信任。感谢Eva Absher-Schantz、Scott Plumbe和Antonio Caparo，他们那令人惊叹的画作生动地展现了"探险家学院"的世界。

一个作品的成功离不开背后那个敬业的团队，而我的团队，对我来说，就是最好的。我很荣幸能与Ruth Chamblee、Ann Day、Kelly Forsythe、Holly Saunders、Caitlin Holbrook、Laurie Hembree、Emily Everhart、Marfé Delano、Lori Epstein、Lisa Bosley、Alix Inchausti、Tracey Mason Daniels、Karen Wadsworth、John Lalor、Bill O'Donnell和Gordon Fournier合作。

我对国家地理学会的探险家们深感敬佩，并被他们的精神所鼓舞，这些探险家对我们的星球充满了热情。特别感谢探险家Zoltan Takacs、Nizar Ibrahim、Gemina Garland-Lewis和Erika Bergman，他们慷慨地与我分享了他们的故事，还与那些年轻的读者们一起分享了他们的内心世界。

对我来说，Rosemary Stimola不仅是一位出色的经纪人，还是我最坚定的拥护者，感谢她从一开始就和我在一起，还有她那令人难以置信的团队：Peter Ryan、Erica Rand Silverman、Adriana Stimola、Allison Hellegers、Allison Remcheck和Nick Croce。

另外，感谢家人、朋友们的加油鼓励，尤其是我的丈夫William，他让家里充满了源源不断的笑声和巧克力饼干。最后，我要感谢你们，我的读者们！我很高兴你们能来参加这次冒险。直觉告诉我，这对你们来说只是一个开始。无论你们的道路通往何方，愿你们总是努力去发现、去创新、去保护，勇于探索！